VEILLÉES VILLAGEOISES

OU

ENTRETIENS

SUR L'AGRICULTURE MODERNE

A L'USAGE DES ÉCOLES PRIMAIRES RURALES

PAR

E.-J.-A. NEVEU-DEROTRIE

Ancien inspecteur d'Agriculture du departement de la Loire-Inférieure

Ouvrage autorisé par le Conseil de l'instruction publique

DIX-HUITIÈME ÉDITION

PARIS

LIBRAIRIE HACHETTE ET Cie

79, BOULEVARD SAINT-GERMAIN, 79

VEILLÉES VILLAGEOISES

OU

ENTRETIENS SUR L'AGRICULTURE MODERNE

A LA MÊME LIBRAIRIE

Problèmes d'agriculture et d'économie rurale, à l'usage des écoles primaires rurales, par M. Neveu-Derotrie. 1 vol. in-12. Prix, broché, 1 fr. 25 c.

Solutions raisonnées des problèmes d'agriculture et d'économie rurale de M. Neveu-Derotrie, par M. Saigey 1 volume in-12. Prix, broché, 1 fr. 25 c.

23 460. — Typographie A. Lahure, rue de Fleurus, 9, à Paris.

VEILLÉES VILLAGEOISES

OU

ENTRETIENS

SUR L'AGRICULTURE MODERNE

A L'USAGE DES ÉCOLES PRIMAIRES RURALES

PAR

E.-J.-A. NEVEU-DEROTRIE

Ancien inspecteur d'Agriculture du département de la Loire-Inférieure

Ouvrage autorisé par le Conseil de l'instruction publique

DIX-HUITIÈME ÉDITION

PARIS

LIBRAIRIE HACHETTE ET Cie

79, BOULEVARD SAINT-GERMAIN, 79

1879

AUTORISATION UNIVERSITAIRE

Copie de la lettre adressée à M. Neveu-Derotrie pour lui notifier la décision du Conseil de l'instruction publique relative aux *Veillées villageoises*.

Paris, le 20 octobre 1835.

Monsieur,

Le Conseil de l'instruction publique s'est occupé, dans sa séance du 6 octobre courant, de l'examen de l'ouvrage intitulé : *Veillées villageoises*, ou *Entretiens sur l'Agriculture moderne*, que vous avez présenté à l'adoption universitaire.

D'après le rapport de la Commission chargée de la révision de tous les livres destinés aux écoles primaires, le Conseil a décidé que l'usage de cet ouvrage *est autorisé dans les écoles rurales.*

Recevez l'assurance de ma parfaite considération.

Pour le Ministre de l'instruction publique,

Le Conseiller, Vice-Président,

VILLEMAIN.

PRÉFACE.

Depuis l'époque où la première édition des *Veillées villageoises* a paru, de nombreuses modifications ont été introduites dans l'éducation agricole : la lecture habituelle de petits ouvrages élémentaires sur l'agriculture a été généralement adoptée dans les écoles de village, et, nous le disons avec une conviction profonde, aucune méthode ne sera plus favorable aux développements des progrès.

Les *Veillées villageoises* ont été un des premiers livres qui aient reçu cette destination, et nous pouvons dire qu'elles ont obtenu une préférence marquée, puisque 14 éditions se sont succédé à des intervalles très-rapprochés. C'était dès lors un devoir pour nous de chercher à compléter notre travail en ajoutant à nos premières leçons les documents dont la science agronomique s'est enrichie depuis quelques années. Pendant longtemps on s'est occupé exclusivement de la partie pratique des opérations agricoles, sans songer que l'économie rurale était appelée à exercer une grande influence sur l'amélioration de l'agriculture. On ne saurait se dispenser aujourd'hui de diriger particulièrement l'attention des cultivateurs sur tout ce qui tend à rendre leur position meilleure, sur tout ce qui peut leur faire aimer leur profession. On comprend combien il importe de donner aux jeunes enfants, par la connaissance des préceptes économiques les plus simples, des habitudes d'ordre sans lesquelles on espérerait vainement accroître le bien-être de la population rurale.

Les *Veillées villageoises* étant spécialement destinées à servir de base à l'instruction élémentaire dans les écoles de village, nous avons jugé nécessaire de changer, dans quelques parties, la forme de nos entretiens, afin de les mettre en parfaite harmonie avec l'intelligence des enfants. Nous avons retranché ce qui paraissait n'avoir qu'une application locale, et donné plus d'étendue aux principes généraux de la *bonne agriculture* que l'on peut faire partout.

Nous n'entrerons point dans le détail des enseignements nouveaux que nous avons introduits dans cette édition ; nous nous bornerons à dire qu'elle répond complétement au programme du 31 juillet 1851 pour l'enseignement dans les écoles normales primaires, et contient tout ce qu'il importe le plus aux agriculteurs de savoir, *s'ils veulent prospérer.* Nous l'avons dit ailleurs, l'ignorance est mère de la défiance; et, par un enchaînement naturel, de la défiance naît la mauvaise volonté, obstacle le plus puissant contre les améliorations. Dissipons l'ignorance, et la mauvaise volonté disparaîtra. Le succès est à ce prix.

Convaincu que l'un des moyens les plus efficaces pour fixer l'attention des jeunes agriculteurs consiste à provoquer en eux le raisonnement sur les améliorations dont l'agriculture peut être l'objet, et désirant faciliter cette tâche à MM. les instituteurs, nous avons réuni un certain nombre de questions sur les points les plus intéressants de l'agriculture et de l'économie rurale : un volume renferme l'énoncé de ces questions avec les explications nécessaires pour les résoudre; un autre volume contient les solutions raisonnées et les formules. Ce nouveau travail est l'application des instructions contenues dans les *Veillées villageoises* et leur complément nécessaire[1].

Nous ne doutons pas que ces modifications et additions apportées à notre petit traité d'agriculture, déjà si populaire, ne soient accueillies avec

1. Nous nous proposons de donner incessamment, dans la même forme, quelques notions non moins utiles, concernant l'organisation physiologique des végétaux, et les divers modes de reproduction, etc., etc.

faveur. Nous poursuivons sans cesse la réalisation de cette pensée que, pour arriver à des progrès réels, il faut préparer l'enfance à l'instruction pratique qui lui sera donnée plus tard dans les fermes-écoles, en la familiarisant de bonne heure avec la connaissance des principes fondamentaux de la science agricole. L'expérience a justifié nos espérances à cet égard, et nous pourrions citer de nombreux faits accomplis depuis quelques années : ainsi on a remarqué, dans un grand nombre de fermes-écoles, que les élèves les plus distingués avaient reçu dans les écoles primaires des villages le commencement d'instruction agricole que les *Veillées villageoises* et les *Problèmes d'agriculture* sont destinés à leur donner ; d'un autre côté, il a été constaté par les procès-verbaux de plusieurs comices agricoles, rédigés sur les déclarations spontanées des cultivateurs, que les nombreuses améliorations obtenues sont dues, pour la plupart, à la lecture et à la mise en pratique de nos instructions.

Il nous est permis d'être heureux et fier de ces résultats.

ENTRETIENS

SUR

L'AGRICULTURE MODERNE.

INTRODUCTION.

L'agriculture, si longtemps négligée en France, commence enfin à sortir de l'espèce d'engourdissement dont elle était frappée. Toutes les branches de l'industrie faisaient des progrès rapides ; elle seule, la plus utile de toutes cependant, demeurait stationnaire, et n'avait d'autres règles qu'une routine aveugle.

Depuis que l'on a compris l'importance de l'amélioration de l'agriculture, des sociétés se forment dans la plupart des départements ; des écoles s'élèvent, des fermes-modèles s'établissent, des concours s'ouvrent, et des primes sont accordées aux cultivateurs les plus zélés, et dont les travaux sont jugés les meilleurs.

Cependant, si, en théorie, l'agriculture a fait un pas immense, dans la pratique les améliorations sont encore peu sensibles, parce que l'instruction avance à pas lents dans la classe pauvre et nombreuse des habitants des campagnes.

Vouloir changer tout à coup le système d'agriculture suivi depuis des siècles par les cultivateurs serait tenter l'impossible ; les démonstrations les plus évidentes viendraient échouer contre la routine.

Les traités pleins d'érudition et de science, les ouvrages volumineux ne sont point lus dans les campagnes, parce que les uns sont au-dessus de l'intelligence, et les autres ne sont pas en rapport avec les moyens pécuniaires de la plupart des cultivateurs.

L'auteur des *Veillées villageoises* a cherché le moyen le plus sûr d'éviter ce double écueil.

Réunir dans un petit volume les connaissances les plus propres à conduire par degré à l'amélioration de l'agriculture, en les mettant à la portée de toutes les intelligences, tel est le but qu'il s'est proposé.

Jérôme, le personnage principal, né de parents vertueux, avec d'heureuses dispositions, avait compris de bonne heure les avantages de l'instruction bien dirigée. C'est ainsi qu'il a su profiter de l'éducation qu'on lui a donnée dans sa jeunesse, en ornant son esprit et en formant son cœur.

Jérôme vivait retiré dans sa ferme avec sa femme et ses enfants, qu'il élevait dans la crainte de Dieu et l'amour du travail. Cultivateur intelligent, sa terre, quoique d'une petite étendue, lui fournissait abondamment de quoi nourrir sa famille, et lui permettait même de faire chaque année quelques économies. Il savait que le meilleur système d'agriculture est celui qui donne le plus de produits et occasionne le moins de frais. Il étudiait et comparait les divers modes de culture, et avait le bon esprit d'imiter ceux de ses voisins qui avaient fait quelque utile découverte ; souvent même il les surpassait, parce qu'il n'agissait qu'avec réflexion et méthode, tandis que les autres, qui ne devaient qu'au hasard leur réussite momentanée, ne savaient pas en tirer parti.

Jérôme n'adoptait pas avec un enthousiasme démesuré les nouvelles inventions, mais il ne repoussait pas comme des chimères celles qui pouvaient conduire à des résultats avantageux. En un mot, Jérôme était prudent, sans être routinier. Il fut un des premiers de son canton à renoncer aux jachères, à faire des prairies artificielles, à cultiver les pommes de terre et les betteraves-disettes, etc.

Ses bestiaux, plus gras, plus frais et plus nombreux que ceux de la plupart des autres cultivateurs de sa commune, qui faisaient valoir une plus grande étendue de terrain; ses récoltes, plus propres et plus abondantes, fixèrent l'attention de ses voisins, et firent taire les sarcasmes auxquels il avait été en butte d'abord.

Jérôme reçut des félicitations, obtint des primes et des encouragements.

Ces succès n'excitèrent pas l'envie, parce que l'on voyait qu'ils étaient mérités: mais ils firent naître l'émulation. Jérôme n'était pas égoïste, et tout le monde l'aimait, parce qu'il ne refusait à personne la connaissance des procédés qu'il employait, et qu'il n'avait d'autre ambition que celle de faire honneur à ses affaires et d'être utile à ses concitoyens. Contribuer au bonheur de son pays était pour lui une satisfaction réelle.

Enfin, sa bonté, sa douceur et son savoir engagèrent quelques jeunes cultivateurs à le prier de les instruire; Jérôme y consentit avec d'autant plus de plaisir, qu'il entrevoyait par là la possibilité de déraciner les vieilles routines, et de propager les moyens d'amélioration de l'agriculture de son pays.

Il fut convenu que deux fois la semaine on se réunirait chez lui, après la journée faite; que là chacun pourrait faire ses observations sur l'effet des leçons précédentes, que l'on mettrait en pratique autant qu'il serait possible.

On attendait avec impatience le jour de la première réunion. Il arriva enfin, et Jérôme, au milieu d'un auditoire attentif et plus nombreux qu'il ne s'y attendait, commença, ainsi qu'on va le voir, son petit cours d'agriculture, qui devait opérer de si heureux changements dans la position des cultivateurs de sa commune.

PREMIER ENTRETIEN

CONSIDÉRATIONS GÉNÉRALES.

Définition de l'agriculture. — Principes d'économie rurale. — Choix du domaine. — Capital d'exploitation. — Bon emploi du temps. — Conditions pour faire de bonne agriculture.

Mes amis, lorsque de toutes parts les diverses branches de l'industrie s'accroissent et se perfectionnent, la plus noble de toutes ne doit pas rester en arrière.

L'amélioration de l'agriculture est l'objet de tous les vœux, et les hommes les plus recommandables s'empressent de seconder de tous leurs efforts le mouvement progressif qui lui est imprimé.

L'impulsion est donnée, c'est à vous de la suivre. Le moment est venu, je l'espère, où l'agriculture va enfin reprendre le rang honorable qu'en raison de son importance elle n'aurait jamais dû perdre.

Déjà des progrès immenses ont été faits dans quelques contrées qui en recueillent les fruits; mais ils se propagent lentement, parce que ce qui manque en général dans les campagnes, c'est l'instruction. Du défaut d'instruction naît l'attachement aux vieilles routines, avec lesquelles il n'y a pas d'amélioration possible.

Tout s'enchaîne dans la vie : cet attachement aux vieilles routines est la source du défaut d'aisance, et le défaut d'aisance nuit à son tour au développement de l'instruction, parce que le cœur flétri par la pauvreté n'a d'autre sentiment que celui de sa misère.

L'agriculture remonte à l'origine du monde. Dès les

premiers siècles, les hommes sentirent la nécessité d'accroître leurs ressources à mesure que la population devenait plus nombreuse et que les besoins se multipliaient. Les générations se succédèrent, et chacune léguait à celle qui la suivait de nouvelles découvertes pour satisfaire ces besoins toujours croissants. C'est ainsi que les hommes commencèrent à défricher la terre et lui confièrent diverses semences, dont ils firent ensuite leur nourriture.

Faible et grossière d'abord, la culture acquit peu à peu une plus grande importance; les meilleurs cultivateurs devinrent les personnages les plus considérés de leur tribu. Plus tard, ce fut parmi eux que l'on choisit les généraux, les consuls, les sénateurs, etc.

L'agriculture fut honorée partout d'une manière toute particulière, comme la source la plus féconde de la prospérité des États, et nous voyons encore dans la Chine le souverain tracer lui-même chaque année un sillon.

L'agriculture, comme tous les arts, tend toujours à se perfectionner. L'histoire des générations qui nous ont précédés doit être aussi la nôtre.

Où en serions-nous, mes amis, si nos pères n'avaient pas cherché, par d'utiles découvertes, à améliorer leur sort? Quel est celui d'entre vous qui voulût encore se vêtir d'écorces ou de peaux de bêtes, et s'abriter contre les orages dans des cavernes et des troncs d'arbres, comme au temps d'ignorance qui suivit la chute d'Adam, et dans laquelle sont encore plongées de nos jours quelques peuplades sauvages? Grâce au perfectionnement des arts et de l'agriculture, nous n'en sommes plus réduits là!

Mais nous sommes encore bien loin de la perfection, et si nous payons aux générations passées un tribut de reconnaissance, efforçons-nous, en améliorant pour nous-mêmes notre position, de mériter aussi les bénédictions des races futures.

Après ce préambule, Jérôme se reposa un instant. Son visage était animé, ses yeux brillaient, et sur son front hâlé par les rayons du soleil on lisait l'espoir d'être utile. Gilles avait la bouche béante; Joseph et François se parlaient bas, en témoignant par leurs gestes qu'ils se sentaient tout disposés à faire quelque chose pour la postérité, et sur le visage du vieux Pierre se peignait un noble orgueil.

Définition de l'agriculture.

Jérôme reprit :

Le mot *agriculture*, pris dans son sens général, veut dire *culture du champ*. Cultiver un champ, c'est le mettre en état de produire, c'est préparer la terre par des labours, la fertiliser par des engrais ou des amendements, lui confier des semences en choisissant les circonstances propres à les faire fructifier. L'étude de l'agriculture comprend deux parties pour arriver aux progrès : la première est *la science*, qui enseigne à cultiver avec méthode et avec discernement; la seconde est *l'art*, qui a pour objet les travaux pratiques. L'une et l'autre sont indispensables pour former un bon cultivateur. On cultive *avec méthode* en adoptant un assolement qui ait pour résultat d'entretenir la terre dans un état constant de fertilité ; on cultive *avec discernement* en choisissant les plantes dont la culture offre le plus d'avantages. Il suit de là que l'agriculture qui n'est dirigée que par la routine est évidemment la moins profitable, puisqu'elle est faite sans méthode et sans discernement. Le meilleur cultivateur est donc celui qui étudie *la science* et *l'art* de l'agriculture pour accroître la quantité des productions de la terre sans augmenter beaucoup ses dépenses; celui, en un mot, qui sait tirer le meilleur parti de son exploitation. L'agriculture a pour objet de fournir à l'homme de quoi satisfaire aux deux besoins principaux : la nourriture et le vêtement. Elle le nourrit directement par les céréales et les plantes potagères ou à racines alimentaires qu'elle fait naître sur le sol; indirectement, par la chair des bestiaux qu'elle fait croître, multiplier, engraisser. Elle lui donne ses vêtements par les plantes *textiles* qui produisent la filasse, par la laine des moutons, le cuir des bestiaux. C'est encore à l'agriculture que nous devons nos boissons les plus saines et les plus agréables, le vin, le cidre, la bière. Enfin, ce qui doit rehausser à vos yeux tout le mérite de l'agriculture et vous y attacher, c'est qu'elle est la mère de toutes les autres industries, ou du moins qu'il n'en est presque aucune à laquelle elle ne serve de base.

Si je me suis servi tout à l'heure du mot de *science*, ne vous en effrayez pas, mes amis; je n'ai employé cette expression que pour vous faire comprendre combien il est important de bien graver dans votre mémoire les conseils que je me propose de vous donner dans nos entretiens.

Principes d'économie rurale.

La première partie de la science que doit posséder un bon agriculteur se nomme l'*Économie rurale :* on appelle ainsi la connaissance des principes d'une bonne administration. L'homme qui ne sait pas diriger convenablement son exploitation doit s'attendre à des pertes qui ont pour résultat de diminuer considérablement les profits qu'il aurait pu faire. Savez-vous, mes amis, pourquoi il y a tant de cultivateurs qui ne réussissent pas et qui, après avoir travaillé pendant bien des années, arrivent à la vieillesse sans avoir pu mettre de côté quelques épargnes? c'est précisément parce que leur administration a été mauvaise. Il ne suffit pas, voyez-vous, de savoir bien manier une charrue, de tracer un sillon bien droit, de mettre beaucoup de fumier dans la terre, et même d'avoir de belles récoltes, pour être un bon cultivateur et faire des profits; on peut faire comme cela de *belle agriculture*, mais on en fait rarement de *bonne*. La bonne agriculture est celle qui, après avoir remboursé tous les frais, toutes les dépenses, donne un excédant aussi élevé que possible. Cet excédant, qui fait le bénéfice ou l'épargne du cultivateur, est ce qu'on nomme le *produit net*. Ainsi, je suppose un agriculteur qui exploite une ferme de dix hectares; au bout de neuf ans, il a élevé et nourri ses enfants, il a trois vaches et deux bœufs qui valent ensemble 500 francs de plus que ne valaient ses bestiaux à son entrée en ferme; il a régulièrement payé son propriétaire et il lui reste encore en récoltes de diverses espèces une valeur de 1000 francs, après avoir tenu compte de la diminution de prix de tout son mobilier, des journaliers qu'il a payés, de son temps même et de celui de ses animaux de travail; ces 1000 francs sont le *produit net* ou le bénéfice qu'il a fait sur son exploitation.

Mais si, au contraire, au bout de neuf ans, ses bestiaux et son mobilier ont diminué de valeur, s'il redoit au propriétaire plus qu'il ne possède, si, dans le cours de son bail, son travail et celui des personnes qu'il a employées n'ont pas été payés par les récoltes et les produits de la ferme, il n'y a pas de bénéfice et par conséquent pas de produit net, même en supposant qu'il ait eu généralement de belles récoltes. Alors le premier aura fait de *bonne agriculture*, et le second aura pu faire de *belle agriculture*, mais elle aura été mauvaise.

Écoutez-moi bien : pour faire de l'agriculture qui soit à la fois *belle* et *bonne*, voici ce qu'il ne faut jamais oublier :

Choix du domaine.

Avant de prendre une exploitation, un bon cultivateur doit examiner si elle présente les conditions favorables au genre de culture qu'il veut adopter ; si le climat, la nature du sol, la situation, les débouchés qu'il trouvera dans le pays, les mœurs et les usages des habitants de la contrée, lui permettent d'espérer que son industrie prospérera. Choisissons quelques exemples :

Croyez-vous qu'un laboureur qui veut prendre pour culture principale celle du froment dans un pays où la nature du sol ne permet d'obtenir que du seigle, ou qui voudra se livrer à l'élevage et à l'engraissement des bestiaux dans un pays où la culture des fourrages ne réussit pas pour l'espèce des bestiaux sur lesquels il veut spéculer ; croyez-vous, dis-je, que celui-là fera des bénéfices ? non sans doute. Irez-vous élever des chevaux sous un climat où vous aurez la presque certitude qu'ils crèveront ou qu'ils seront atteints de maladies qui leur ôteront tout leur prix ? Que penseriez-vous de celui qui voudrait cultiver des plantes dont il ne trouverait pas la vente ? vous le regarderiez avec raison comme un insensé.

Vous voyez donc combien il est important de s'attacher tout d'abord à faire l'examen dont je viens de vous parler.

Nous avons dit qu'un bon agriculteur devait aussi consulter les habitudes locales; ce n'est pas cependant qu'il doive prendre pour règles de conduite celles de ces habitudes qui ne reposent que sur la routine; il doit, au contraire, chercher à introduire les améliorations dont son intelligence ou son instruction lui démontrent la possibilité et les avantages. Mais ce qu'il devra prendre en considération, c'est le prix de la main-d'œuvre, c'est la facilité ou la difficulté de trouver des aides agricoles dans certaines saisons où l'augmentation des bras devient nécessaire pour la prompte exécution des travaux; c'est le mode d'alimentation usité. Toutes ces circonstances sont très-importantes à connaître.

Ce n'est pas tout : quand le cultivateur aura fait choix de l'exploitation qui lui semblera placée dans de bonnes conditions, il devra s'assurer que ses ressources et ses moyens pour la mettre en valeur sont insuffisants, ou tout au moins qu'il pourra dans un certain temps arriver à compléter ce qui lui manquerait tout d'abord. A ce sujet, je dois vous expliquer ce que l'on nomme *capital d'exploitation.*

Capital d'exploitation.

Le capital d'une exploitation est tout ce qui constitue sa richesse et doit servir à faire naître ou à augmenter la production. Ainsi, les bestiaux, les instruments aratoires, les semences, les engrais, les bras mêmes destinés à travailler la terre sont considérés comme faisant partie du capital d'exploitation. Il est bien nécessaire, mes amis, que vous connaissiez le sens réel de ces expressions dont vous entendrez souvent parler. Tout l'avenir d'un agriculteur, toutes ses espérances comme tous ses efforts doivent tendre à augmenter le capital jusqu'à ce que, sa valeur venant à s'élever au-dessus des besoins de l'exploitation, il puisse en réaliser une partie qui formera ce que nous nommerons une *épargne*, parce qu'elle cessera d'être consacrée à faire produire l'exploitation elle-même.

Il y a bien des cultivateurs qui possèdent un capital d'exploitation suffisant, mais qui ne savent pas en faire la distribution de manière à le rendre utile et productif dans toutes ses parties. C'est là une des plus grandes difficultés, car si quelques portions du capital restent sans emploi et ne concourent pas à la production, c'est une preuve évidente que la répartition est mauvaise, et il en résulte une perte réelle pour le cultivateur.

Le capital d'exploitation se divise en deux parties : l'une qui prend le nom de *capital fixe;* l'autre qu'on désigne sous le titre de *capital circulant.*

Le capital *fixe*, que l'on nomme ainsi parce qu'il est formé de tous les objets qui peuvent donner un revenu ou un profit sans changer de maître, comprend : 1° les instruments, machines et ustensiles servant à l'exploitation ; 2° les animaux de trait ou de charge ; 3° les animaux de rente.

Le capital *circulant*, ainsi nommé parce que tous les objets qui le composent ne donnent un profit ou un revenu qu'en raison des mutations, des changements de forme ou de main, des transformations auxquels il est sujet, comprend l'argent comptant, les engrais, les produits de la culture, les animaux destinés à la consommation, et le produit des animaux de rente.

Peut-être ne savez-vous pas, mes amis, ce que c'est qu'un animal de rente? C'est celui qui donne un produit journalier ou annuel. Ainsi les vaches qui donnent du lait et des veaux, les moutons qui donnent de la laine, les brebis qui donnent des agneaux, sont des animaux de rente.

Les animaux destinés à la consommation sont les veaux pour la boucherie, les bœufs et les moutons que l'on engraisse, les porcs et les animaux de basse-cour.

Vous comprenez bien que l'importance du capital d'exploitation, soit en capital fixe, soit en capital circulant, doit être proportionnée à l'étendue de l'exploitation. Autrement le cultivateur éprouvera de grands embarras et sera contraint de laisser sans culture une portion de sa ferme, qui alors, ne lui rapportant rien, diminuera beaucoup le produit net qu'il doit espérer[1].

Je viens de vous dire que les bras mêmes qui cultivent la terre, et dont le travail est un des principaux moyens de production, font aussi partie du capital d'exploitation. Cependant ce ne sont pas les bras que l'on apprécie, mais le travail qu'ils peuvent raisonnablement faire. Ce travail peut être considéré comme une occasion d'augmenter le capital lui-même. Voici le motif de cette distinction : si le cultivateur emploie plus de gens pour faire valoir sa ferme qu'il ne devrait le faire, l'excédant de dépense que cela lui occasionne est en pure perte pour lui, puisqu'il n'en est pas remboursé par la production. Alors le travail de ces bras employés au delà de la quantité nécessaire n'est pas un capital, puisqu'il ne sert pas à la production.

— Excusez-moi, maître Jérôme, dit Auguste, mais il y a là quelque chose qui m'embarrasse : Nous sommes quatre garçons chez mon père, tous en état de travailler, et nous mettons bien notre temps à profit ; cependant il faut encore que nous prenions des domestiques et des journaliers, dans certaines saisons.

1. Voir nos *Problèmes d'agriculture.*

Quand vient le temps de la moisson, par exemple, nous ne sommes jamais assez forts de monde; est-ce que pour être de bons cultivateurs nous serions obligés de tout faire seuls ?

— Non, mon ami, répondit Jérôme; je sais bien qu'il y a nécessité, à quelques époques de l'année, d'appliquer aux travaux de la culture un plus grand nombre de bras, ce n'est pas cela que je blâme; mais si votre père conservait pendant toute l'année la même quantité de travailleurs, pourrait-il les employer utilement ? non. Alors vous voyez que la dépense qu'il ferait lui causerait, dans ce cas, une perte énorme. C'est précisément là ce que doit éviter un bon cultivateur. Sans doute il faut que tout le monde vive, mais il faut que le travail soit réparti de telle sorte qu'il soit toujours utile. Les pauvres ont besoin de secours, et je suis loin de blâmer la bienfaisance, l'une des plus belles vertus que Dieu ait placées dans le cœur de l'homme; si tout le monde la pratiquait avec discernement, il y aurait moins de malheureux.

Nous avons vu que la bonne distribution du capital d'exploitation est l'une des principales difficultés que l'on rencontre dans la profession d'agriculteur; citons quelques exemples : Chez votre père, Auguste, il y a six bœufs de travail : chaque attelage de deux bœufs peut travailler dans le cours d'une année pendant 192 journées ou 1536 heures; si chacun de vos attelages n'est occupé que pendant 120 jours, deux attelages vous suffiraient amplement pour faire votre besogne; les 216 journées pendant lesquelles les attelages ne travaillent pas constituent une perte; c'est donc une mauvaise distribution de votre capital.

Voyons chez François : il n'y a qu'un attelage de bœufs qui est insuffisant; aussi ces bœufs travaillent constamment et pendant dix heures par jour au lieu de huit; ils sont maigres à faire peur. Il est vrai que, pour compenser le travail qu'il ne peut faire faute d'un attelage de plus, il a quatre valets de ferme quand il pourrait n'en avoir que deux. Qu'en résulte-t-il ? que les deux valets lui coûtent plus que la dépense d'une autre paire de bœufs ; que son travail est plus mal fait et souvent n'est pas exécuté en saison convenable; que ses récoltes en souffrent et sont moins productives. Il y a donc chez François aussi une mauvaise distribution du capital d'exploitation.

Louis s'est imaginé, l'an passé, qu'en mettant dans sa pièce à froment une énorme quantité de fumier, il aurait une récolte merveilleuse; son grain à poussé en effet dès l'hiver avec une vigueur extraordinaire; mais quand est venu le moment de la formation des épis, les tiges trop grasses n'ont pu les porter, et tout est tombé : c'est tout au plus s'il a récolté sa semence. D'un autre côté, il ne lui est plus resté d'engrais pour ses cultures de printemps, et l'année a été mauvaise pour lui. C'est encore parce que Louis a fait une mauvaise distribution de son capital d'exploitation.

Je pourrais vous citer beaucoup d'autres exemples que vous avez sous les yeux. Voyez le malheureux Jacques, dont le propriétaire a fait faire la vente la semaine dernière ; il était riche quand il est entré dans sa ferme il y a neuf ans ; d'où vient qu'il s'est ruiné, car nous n'avons pas appris qu'il ait eu des pertes, soit par la grêle soit par les maladies ? Jacques est un honnête homme, mais il n'a pas d'ordre; c'était à qui des journaliers irait chez lui, parce qu'on y travaillait peu et qu'on y faisait bonne chère ; ses labours étaient mal faits ; son fumier était en grande partie formé avec le foin que les bestiaux foulaient sous leurs pieds ; il ne vendait presque jamais de beurre parce que tout était consommé chez lui; s'il allait à la foire vendre une vache ou une paire de bœufs, une partie du prix était aussitôt dépensée dans les auberges. Au lieu d'employer ses animaux de trait à son exploitation, il préférait aller faire des charrois comme un roulier, et perdait ainsi, avec son temps, une notable portion de ses fumiers. Faut-il s'étonner après cela du désastre qui l'a frappé ? Plaignez-le, mes amis, mais ne l'imitez pas, car le même sort vous serait réservé.

Bon emploi du temps.

Je vous ai dit, il y a un instant, qu'il fallait que le travail fût utilement réparti ; cela me conduit à vous parler un peu de l'emploi du temps : car, quelque bien distribué que soit le travail dans une exploitation, si le temps est mal employé dans l'exécution de ce travail, l'inconvénient est tout aussi grave que le premier.

L'homme qui travaille pour son compte est toujours assez bien disposé à mettre son temps à profit, parce qu'il en connaît le prix ; il n'en est pas de même, très-fréquemment, de ceux qui travaillent pour autrui. Il y en a qui ne se font pas scrupule de perdre tantôt une heure, tantôt plus, dans chaque journée, quand ils ne sont pas surveillés par l'œil du maître. C'est une action très-blâmable, et, pour appeler les choses par leur nom, c'est un vol. Que penseriez-vous d'un chef de maison qui, à la fin de l'année, retiendrait une partie du salaire de ses domestiques ? vous diriez : C'est un voleur. Eh bien ! celui qui engage ses services moyennant un prix convenu et qui perd son temps est pour le moins aussi voleur, puisqu'il doit son temps comme l'autre lui doit tout le montant de ses gages.

Les domestiques gagés à l'année et les hommes à la journée sont à cet égard dans la même position. Celui qui travaille à la tâche ne fait tort qu'à lui-même, parce qu'il ne reçoit le prix de son travail que quand sa tâche est finie. Quant à l'ouvrier qui travaille au marché, il doit aussi accomplir son œuvre dans le temps qui a été fixé.

Un domestique coûte à son maître, par année, en moyenne, 364 francs 80 centimes en gages, nourriture et frais divers, ce qui fait à peu près par journée de travail 1 franc 22 centimes, en déduisant les dimanches et les fêtes, et par heure 12 centimes en calculant la journée à dix heures. En supposant qu'il perde seulement une demi-heure par jour, c'est une perte pour le maître, à la fin de l'année, de 18 francs, et pour peu que cela se répète de la part de plusieurs individus, il est facile de voir combien le préjudice peut devenir considérable. On dit : Un quart d'heure, une demi-heure, c'est peu de chose; il ne faut pas être trop exigeant : ce serait peu de chose certainement, si la perte du temps se bornait là; mais les quarts d'heure finissent par faire des heures, et les heures des jours, comme les centimes finissent par faire des francs. Qu'un valet de labour perde une demi-heure par jour avec son attelage, non-seulement la perte est plus que triple de celle que nous venons de signaler, mais ce temps perdu peut forcer à remettre au lendemain un travail pressé; le lendemain peut être mauvais et rendre l'exécution impossible; la perte alors devient énorme. Songez-y bien, mes amis, et sachez maintenant apprécier la valeur du temps. Il y a des instants qui, sans être consacrés aux travaux des champs, sont bien utilement employés : ce sont ceux que l'on passe à s'instruire. Si vous avez fait attention à ce que je vous ai dit aujourd'hui, si vous avez gravé mes paroles dans votre mémoire, pour ne les oublier jamais et les mettre plus tard en pratique, je puis vous certifier que vous n'aurez pas perdu votre temps.

Conditions pour faire de bonne agriculture.

Il n'est pas aussi difficile qu'on le pense, mes amis, continua Jérôme, de faire de bonne agriculture ; il ne faut pour cela que de la bonne volonté, de l'ordre et de l'instruction. Vous entendez quelquefois dire à certains cultivateurs qu'ils feraient bien mieux s'ils avaient plus d'argent ! Sans doute l'argent est un puissant auxiliaire; mais tout l'argent possible, sans les trois qualités que je viens d'indiquer, ne fera jamais un bon cultivateur. Voyez le père Anselme : il a de l'argent et beaucoup; et cependant sa ferme est toujours mal tenue, ses étables et ses écuries sont d'une malpropreté dégoûtante, ses prairies remplies de broussailles, ses bestiaux ne mangent que de mauvais foin en hiver, et n'ont pour pâturage en été que des landes ! Pourquoi cela ? parce qu'il n'y a pas chez lui de bonne volonté, et qu'il aime mieux acheter, souvent très-cher, un coin de champ qu'il ne cultive pas, qu'augmenter son capital d'exploitation ; parce qu'il n'y a pas d'ordre dans sa maison ni dans la distribution et l'emploi de son capital; parce qu'il manque d'instruction, et que, loin de chercher à en acquérir, il voudrait, au contraire, en détourner les autres. Il n'en sera pas ainsi de vous, mes amis, et, avec les bonnes dispositions qui vous animent, je réponds du succès.

Comparez mes champs aux vôtres ! Avec moins de travail et de dépense, les miens sont purgés de la majeure partie des plantes inutiles et nuisibles; depuis que j'ai adopté un autre mode de culture, ma terre, plus ameublie et plus propre, me donne des productions plus nettes et d'une qualité supérieure. Que chacun de vous, avant la prochaine veillée, jette un coup d'œil sur mon exploitation et sur la sienne, et qu'il ne craigne pas de me faire ses observations; ce sera le moyen de nous instruire tous ensemble.

Avant de nous séparer, je vous remercie de l'attention avec laquelle vous m'avez écouté; croyez bien que je ferai tous mes efforts pour vous démontrer, d'une manière claire et précise, l'avantage immense qui doit résulter pour vous du changement de votre système de culture et du bon emploi de votre capital.

Les innovations en agriculture ont besoin d'être appuyées sur des faits positifs; elles doivent porter avec elles la preuve matérielle de leur utilité; procurer des bénéfices évidents, soit par l'augmentation immédiate des produits, soit par la diminution sensible des dépenses. Telle est ma manière de voir; aussi je joindrai la démonstration de la pratique à la théorie ou à l'exposé des principes d'une bonne agriculture. J'espère alors que vous ne refuserez pas d'entrer dans une voie nouvelle, et que vous renoncerez à cette croyance dans laquelle vous avez été élevés, que toute dérogation à l'ordre des ensemencements serait pour vous la cause d'une ruine totale et prochaine.

Il se faisait déjà tard, et personne ne s'était aperçu de la longueur de la veillée, tant on avait trouvé d'attraits à écouter le bon Jérôme. Quel sujet de réflexions pour tous! Ils n'avaient jamais pensé à tout ce qu'il venait de leur dire, et, quelque attachés qu'ils fussent à leur routine, ils étaient frappés des raisonnements de Jérôme, d'autant plus qu'ils admiraient la richesse de ses moissons, et concevaient l'espérance, en l'imitant et en suivant ses conseils, d'en obtenir d'aussi belles. Plein de ces idées, chacun se retira, se promettant bien de ne pas manquer d'assister à la prochaine veillée.

DEUXIÈME ENTRETIEN.

ASSOLEMENTS.

Définition de l'assolement. — Systèmes de culture; rotations. Assolement triennal. — Jachères; leur inutilité.

Quatre jours s'étaient écoulés, et les auditeurs de Jérôme étaient rassemblés en plus grand nombre encore que la première fois. On avait visité son exploitation : ses champs de pommes de terre et de betteraves-disettes, ses magnifiques prairies artificielles avaient excité l'admiration. Point de terres incultes; au lieu des pâturages arides des autres cultivateurs, on voyait des coupes de trèfle d'une végétation superbe, et la terre semblait n'avoir été dépouillée des orges et des blés noirs, que pour laisser voir une verdure plus belle et donner des produits nouveaux.

Jérôme, de son côté, n'était pas resté dans l'inaction. Il se proposait de faire comprendre dans cette soirée combien l'assolement alterne est préférable à l'assolement triennal. Il avait à détruire un préjugé profondément enraciné, et sentait que sa tâche était difficile. Sa présence fit cesser les conversations particulières, et bientôt il commença ainsi :

C'est avec un nouveau plaisir, mes bons amis, que je vous vois réunis une seconde fois. A notre première veillée, j'ai cherché à augmenter en vous le désir d'améliorer l'agriculture; je vous ai engagés à visiter mes champs; avez-vous remarqué des productions plus belles que dans les vôtres ? Je ne viens pas quêter des félicitations ; je ne demande de votre part que de la sincérité.

Eh bien, chacun de vous peut obtenir les mêmes résultats : c'est en suivant un bon système d'assolement que j'ai réussi comme vous l'avez vu.

Définition de l'assolement.

Qu'est-ce donc qu'un assolement?

On nomme *assolement* le cours de culture, ou plutôt la série des ensemencements que l'on fait les uns après les autres, dans un ordre régulier ou irrégulier pendant un certain nombre d'années ordinairement limité. Ainsi, ensemencer successivement et toujours dans le même ordre du froment ou du seigle, du blé noir ou de l'orge, de l'avoine, c'est un assolement; cultiver toujours du froment dans un champ en laissant, entre deux années de culture, la terre en repos et sans ensemencement, c'est un assolement; semer du grain une année, puis après du trèfle ou un autre fourrage; après le trèfle, des pommes de terre ou toute autre espèce de plante à racines nourrissantes, et revenir ensuite à un ensemencement de grain pour continuer dans le même ordre la suite des cultures, c'est encore un assolement.

Les noms que l'on donne aux divers assolements sont tirés ou du nombre des années après lequel l'ordre des ensemencements des mêmes espèces de plantes recommence, ou de la nature même des plantes, selon qu'elles épuisent plus ou moins la richesse de la terre. Je vais vous dire tout à l'heure quel nom porte chacun des assolements dont nous venons de parler, en vous faisant connaître ses avantages ou ses inconvénients; mais, auparavant, je veux vous expliquer les motifs qui doivent faire préférer un assolement à un autre.

Nous avons vu, dans notre dernière veillée, que la meilleure agriculture est celle qui donne le *produit net* le plus élevé et le plus durable. Si, à la fin d'un bail de neuf ans, en récapitulant toutes ses dépenses et toutes ses recettes de chaque année, un fermier a pu mettre de côté une somme de mille francs, tandis que son voisin aura, lui, perdu mille francs, vous direz, n'est-il pas vrai, que le premier a fait une bonne agriculture et que l'autre en a fait une mauvaise? Eh bien! la différence vient, le plus souvent, de ce que l'un a suivi un bon assolement, et l'autre un mauvais. On doit donc, en faisant choix d'un assolement, rechercher celui qui, en fin de compte, doit donner le bénéfice ou le produit net, ce qui est la même chose, le plus considérable. Mais, pour que le bénéfice soit réel, il faut en même temps qu'il soit durable. Je suppose qu'un assolement soit combiné de manière à donner au cultivateur, au bout de trois ans, un bénéfice de mille francs, mais que la terre, après ce temps, se trouve *épuisée* ou *effritée*, et qu'au lieu d'un bénéfice il y ait une perte résultant du défaut de production pendant plusieurs années, le premier bénéfice fait disparaîtra, étant compensé par la perte; alors il n'aura pas été durable, et on devra en conclure que l'assolement était mauvais. Si, au contraire, par suite de l'assolement, la terre est entretenue dans un état de fertilité et de fécondité tel que la production augmente au lieu de diminuer, le bénéfice ou le produit net se perpétuera, et ce sera la preuve que l'assolement est bon et qu'on devra l'adopter de préférence au précédent.

Système de culture; rotation.

Il ne faut pas confondre entre elles les trois dénominations suivantes : *Système de culture*, *assolement* et *rotation*.

Par *système de culture*, on entend tout ce qui se rattache à l'administration générale d'une exploitation. La *rotation* est plus spécialement le retour périodique des mêmes espèces de plantes dans un terrain. L'*assolement* est la division du sol en cultures qui peuvent varier quant aux espèces de plantes cultivées.

Pour vous faire bien comprendre cette distinction par un exemple, je vous ai dit, en vous parlant du choix du domaine, qu'un bon cultivateur doit examiner si l'exploitation qu'il se propose de diriger présente les conditions favorables au genre de culture qu'il veut adopter ; si ces conditions se rencontrent, le genre de culture qu'il adopte constitue la base du système de culture qu'il devra suivre.

Ce premier point décidé, il divisera l'étendue de son exploitation en deux, trois, quatre, etc., parties ; dans la première, il cultivera les céréales d'automne ; dans la deuxième, les fourrages artificiels ; dans la troisième, les céréales de printemps ; dans la quatrième les plantes industrielles, etc., etc. : voilà l'assolement. Enfin, il trouve que la culture du froment devra revenir dans un champ tous les quatre ans, les choux tous les cinq ans, les trèfles tous les six ans, les pommes de terre tous les sept ans : voilà la rotation.

Il faut bien remarquer que l'on ne peut juger la supériorité d'un assolement sur un autre qu'après plusieurs années, car c'est alors seulement qu'il est possible d'apprécier la valeur du produit net. L'exemple que je viens de vous citer le prouve ; c'est cependant un calcul que ne font pas la plupart des cultivateurs qui se laissent éblouir souvent par les beaux résultats d'une récolte, sans se préoccuper des récoltes qui devront venir plus tard. Les effets d'un bon cu d'un mauvais assolement se font sentir sur les produits, non-seulement en raison de la nature même des ensemencements, mais plus encore peut-être par l'amélioration qu'un bon assolement apporte au sol, ou par la diminution de richesse que cause un mauvais assolement. Il est évident que si le sol cesse d'être fertile ou de produire en quantité suffisante les fruits des semences qu'on lui confie, c'est qu'il y a, le plus ordinairement, négligence ou ignorance du cultivateur relativement au choix de l'assolement.

C'est ici, mes amis, que j'ai à vous expliquer la différence qui existe entre l'*épuisement* du sol et l'*effritement*. Le sol s'*épuise* quand on exige de lui plusieurs récoltes successives, sans renouveler, par des engrais, les sucs nourriciers qui ont été absorbés par la végétation : ainsi, avec le meilleur assolement possible, le sol peut s'épuiser quand on ne lui fournit pas les engrais nécessaires à l'entretien des sucs qui font sa richesse. A ce sujet, vous connaissez le vieux proverbe : *Moquez-vous de la terre, elle se moquera de vous*. Nous y reviendrons en parlant des engrais.

Mais quelle que soit la quantité des engrais que l'on donne à la terre, si on veut la forcer à produire pendant plusieurs années, sans interruption, la même espèce de récolte, elle cessera bientôt de donner des résultats avantageux, parce qu'alors le sol s'*effrite*. Pour éviter ce grave inconvénient, il faut varier les cultures : de là sont nés les assolements. Le meilleur assolement est donc celui qui, pour donner au cultivateur le produit net le plus élevé et le plus durable, n'*effrite* pas le sol et l'*épuise* le moins possible.

Voyons maintenant en quoi consistent les divers assolements les plus en usage, et quels sont ceux qui réunissent les qualités que nous venons d'indiquer.

Assolement triennal.

Le premier que l'on rencontre le plus fréquemment encore est l'*assolement triennal*. Cet assolement, le plus mauvais de tous, consiste à ensemencer la terre pendant trois années de suite, et quelquefois même pendant six années, en orge ou en blé noir d'abord, en froment ou en seigle la deuxième année, en avoine ou en autre farineux la troisième, pour recommencer les ensemencements dans le même ordre. On fait ordinairement succéder aux trois ou aux six années de culture, trois années pendant lesquelles la terre n'est consacrée à aucun ensemencement, et que l'on nomme années de *jachère morte* ou *jachère pâture*, ou bien encore de *repos* ou *séjour*.

Cette distribution dans les ensemencements exigeant l'application immédiate d'une grande quantité d'engrais pour maintenir la richesse dans le sol, parce que les trois genres de culture dont nous venons de parler sont très-épuisants, il était impossible aux cultivateurs de produire, avec le petit nombre de bestiaux qu'ils avaient, les engrais suffisants. D'un autre côté, la terre était promptement effritée par les ensemencements des mêmes espèces trop souvent répétés. Mais comme le talent des agriculteurs ne s'étendait pas au delà de ces cultures, les jachères mortes devenaient une nécessité. Voilà l'origine de l'assolement triennal, dont l'ignorance et l'habitude ont consacré l'usage routinier; j'oserais à peine combattre cet usage qui vous a été transmis de père en fils, si je n'avais à vous prouver qu'on peut faire mieux et à vous offrir l'exemple des avantages qui résultent du changement de ce système.

Toutes les plantes puisent dans la terre la nourriture

qui leur est propre et sans laquelle elles ne peuvent se développer. Ainsi les sucs qui servent à former le froment ne sont pas les mêmes que ceux qui forment le blé noir ou l'avoine. Ces sucs sont le résultat des combinaisons qui s'opèrent dans la terre, par l'action de l'air et de l'eau, sur certaines matières minérales que l'on nomme *sels* et sur les parties animales et végétales dont les engrais sont composés. Quand la terre a donné une récolte, une grande portion des sucs nécessaires à la végétation des plantes de cette espèce a été consommée ; il n'en reste plus, ou pas assez, pour la production d'une autre récolte de même espèce. C'est ce qui constitue l'effritement, et il faut un temps plus ou moins long pour que, par des combinaisons nouvelles, ces sucs se régénèrent. Le premier inconvénient de l'assolement triennal est de diminuer ou même d'empêcher cette régénération, qui ne peut être remplacée, même par l'abondance des engrais.

Nous allons voir tout à l'heure qu'il y en a un autre tort aussi grave, qui consiste à rendre plus active et plus abondante la reproduction d'une quantité considérable de mauvaises herbes. Mais tout d'abord, je dois vous faire connaître que parmi les plantes qui entrent dans la culture, maintenant que l'on ne se borne plus à semer uniquement des *céréales* (c'est le nom qu'on donne aux diverses espèces de grains qui servent à la nourriture), les unes prennent beaucoup de sucs à la terre sans rien lui rendre, les autres ont la propriété de rendre à la terre, sous une autre forme, presqu'autant de sucs qu'elles lui en enlèvent. On dit alors que les premières sont *épuisantes* et que les autres ne le sont pas ou le sont moins. Je vous en expliquerais les motifs, que peut-être ne les comprendriez-vous pas; j'aime mieux mettre sous vos yeux le tableau des unes et des autres. Dans l'ordre que je suivrai, je commencerai par celles qui sont le plus épuisantes, en finissant par celles qui le sont le moins :

Plantes épuisantes.

Colza à graine.
Choux à graine.
Navets à graine.
Maïs.
Lin.
Chanvre.
Froment.
Seigle.
Orge.
Avoine.
Haricots.
Fèves et féverolles.
Millet.
Choux consommés en feuilles.
Blé noir.

Pour les plantes qui rendent au sol une partie des sucs qu'elles lui prennent, les premières sont considérées comme les moins épuisantes, et les dernières le sont le plus après celles indiquées dans le précédent tableau :

Plantes non épuisantes.

Trèfle de Hollande, dit trèfle rouge ordinaire.
Trèfle incarnat.
Vesces et jarosses ou gessettes.
Blé noir coupé en vert.
Luzerne.
Sainfoin.

Lupin blanc.
Betteraves et rutabagas.
Carottes fourragères.
Pommes de terre.
Seigle, avoine, ray-grass et autres graminées, coupés en vert.
Chicorée sauvage.
Moutarde blanche.
Genêts.
Ajoncs épineux cultivés comme fourrages.

Je vous expliquerai plus tard tous les avantages que l'on retire de ces plantes; pour le moment, je ne veux que vous signaler leur propriété non épuisante par opposition aux autres; cette connaissance vous sera utile pour apprécier le mérite des assolements dont nous nous occupons. Revenons à l'assolement triennal.

Jachères; leur inutilité.

Si l'assolement triennal est vicieux par le retour périodique des mêmes semences dans les mêmes terres, il l'est encore davantage par la conservation des jachères.

Peut-être ne comprenez-vous pas assez ce que l'on entend par ce mot, je vais vous l'expliquer : La *jachère* est l'état de la terre qu'on laisse sans culture pendant une ou plusieurs années, et que, dans quelques pays, l'on nomme *terre en friche* ou *séjour*. D'autres donnent le nom de *jachère* à la terre préparée par plusieurs labours sans ensemencement. Cette définition n'est pas conforme au sens que l'on a toujours attribué au mot de *jachère*. Comprise ainsi, la *jachère* serait plutôt avantageuse que nuisible, puisqu'elle consisterait à ameublir la terre et à la purger des mauvaises herbes par de fréquents labours.

Je conserverai donc la première définition de la jachère, que je viens de vous donner, et qui est celle adoptée par la plupart des meilleurs auteurs.

L'utilité des jachères ne peut être considérée que sous deux points de vue : soit comme pâturages, soit comme repos nécessaire à la terre.

Il est du plus grand intérêt pour le cultivateur, vous le savez tous comme moi, d'avoir des pâturages gras et fertiles, où ses bestiaux puissent trouver une nourriture saine, substantielle et abondante. La qualité des pâturages exerce sur l'agriculture une grande influence; c'est d'elle que dépend l'augmentation du produit journalier des bestiaux et de leur valeur vénale.

Les jachères, considérées comme pâturages, sont loin de remplir ces conditions. Elles produisent de l'herbe, sans doute, mais en même temps elles fournissent une grande quantité de plantes d'une mauvaise qualité, que les bestiaux ne mangent pas. Voyez vos champs couverts de fougères, de digitales, de bruyères, d'ajoncs nains, de centaurées, etc., les bestiaux n'y touchent pas. Mais supposons que l'herbe produite par les jachères soit de bonne qualité, elle est bien peu fournie les premières années; la nourriture qu'elle donne aux bestiaux n'est ni substantielle ni abondante, et c'est précisément lorsque les productions naturelles des jachères commenceraient à être de quelque utilité comme pâturages, par leur abondance, que revient le tour de ces jachères d'être rendues à la culture, en suivant l'ordre de l'assolement triennal.

Ne croyez pas cependant, mes amis, que je sois d'avis de supprimer entièrement les jachères ou plutôt les pâturages; mais je voudrais en voir diminuer le nombre; je voudrais que l'on ne conservât les jachères qu'une année, et non plus trois, quatre, cinq ans et quelquefois plus, et que ce fût une portion des champs que l'on aurait convertis auparavant en prairies artificielles, ensemencés en trèfle, par exemple; alors vous auriez de bons et d'utiles pâturages.

A l'avantage de faire faire à vos bestiaux un exercice nécessaire se réunirait celui de leur procurer une bonne nourriture dehors, après avoir tiré de ces mêmes champs, pendant plusieurs mois, une nourriture abondante pour l'étable.

Les jachères, telles que vous les conservez, sont-elles plus utiles, considérées sous le rapport du repos donné à la terre?

C'est un préjugé généralement répandu, que la terre a besoin de se reposer, après avoir produit les trois sortes de récoltes dont je vous ai parlé, le sarrasin ou l'orge, le froment et l'avoine. J'ai longtemps partagé avec vous cette opinion erronée, mes chers amis, et l'on peut dire qu'elle est une conséquence du mode vicieux de l'assolement triennal[1].

Les céréales, comme je vous l'ai dit, prennent beaucoup à la terre et lui rendent peu. Les ensemencements successifs en blé ou froment et en avoine consomment les engrais donnés à la terre en semant le sarrasin ou même postérieurement et absorbent les sucs propres à leur végétation; il en résulte que la végétation d'un second ensemencement en blé ou en avoine doit en souffrir, parce que les sucs nécessaires à la nutrition de ces espèces de céréales ont été détruits en grande partie, sans avoir été entretenus ou renouvelés. La terre s'épuise, en effet, et *s'effrite;* elle cesse alors d'être aussi propre, pendant quelques années, à cette culture. C'est probablement par suite

1. Page 26.

de cette remarque, que dans la plupart des baux à ferme on insère la défense aux fermiers de faire deux ensemencements de suite en avoine ou en froment; mais gardez-vous de croire que la terre se repose, parce qu'on ne lui confie pas de semences.

Le repos serait l'absence de toute production; or, l'expérience de tous les jours démontre que la terre laissée en jachère ne cesse pas, pour cela, de produire; il n'est pas un champ qui ne se couvre bientôt d'herbes et de plantes de diverses espèces, lors même que la main de l'homme n'y a pas déposé de semences. La nature est infatigable et ne se repose jamais; il faut toujours qu'elle agisse avec ou sans le concours de l'homme : c'est à lui de discerner ce qui peut favoriser ou contrarier ses desseins, et à les faire tourner à son profit.

Donnez à la terre de fréquents labours et des engrais suffisants, variez vos cultures, après des ensemencements que je nommerai *épuisants*, faites des ensemencements dont l'effet est de rendre à la terre sa vigueur, soit en déposant dans son sein de nouveaux sucs, soit en facilitant l'action de l'air sur ses différentes parties ou en donnant naissance à des combinaisons nouvelles; mais ne la laissez jamais à rien faire, parce qu'elle ne se repose pas.

Laisser la terre en jachère pour lui donner un repos qui ne saurait exister, c'est ne pas connaître la marche de la nature et renoncer volontairement à ses bienfaits.

Jérôme allait continuer, lorsque Joseph se leva et lui dit : Vous nous avez permis, Jérôme, de vous faire des observations, lorsque nous ne comprendrions pas bien; la terre, dites-vous, ne se repose pas quand on la laisse en jachère ; cependant nous avons remarqué que, rendue à la culture après un certain nombre d'années, elle semblait plus mûre, et donnait des produits plus nombreux. Si ce n'est pas la suite du repos dont elle a joui, expliquez-nous, s'il vous plaît, quelle en est la cause.

— Bien volontiers, reprit Jérôme, et je m'attendais à cette objection. Je vous disais tout à l'heure que la terre s'épuise, ou, si vous le voulez, se lasse de produire les mêmes céréales plusieurs années de suite, parce que les céréales absorbent beaucoup de sucs nutritifs et ne rendent rien à la terre. Aussi ne vous ai-je pas conseillé de continuer sans interruption vos ensemencements en froment; je vous ai dit, au contraire : Variez vos cultures; mais si vous avez remarqué de plus beaux produits après les jachères, ils viennent non du repos de la terre, mais de ce que la couche de verdure qui s'est formée à sa surface, et qui se trouve enfermée par le labour, fermente dans son sein, pourrit et lui tient lieu d'une fumure. Il se forme alors de l'*humus* végétal dont je vous expliquerai plus tard l'action sur la végétation, en parlant des engrais végétaux, qui offrent de grands avantages. D'un autre côté, pendant la durée de la jachère, les combinaisons dont je vous ai parlé comme régénérant les sucs propres à la production céréale ont eu le temps de s'opérer; mais nous verrons que sans les jachères on peut obtenir le même résultat.

Revenons aux jachères. Après vous avoir dit que je les regarde comme inutiles, tant sous le rapport du repos de la terre que comme pâturages, j'ajouterai que je les considère comme très-nuisibles.

En agriculture, tout ce qui n'est pas utile devient nuisible par le fait même de son inutilité, et ce principe est particulièrement applicable aux jachères. Les jachères favorisent le développement et la multiplication des mauvaises herbes, privent le cultivateur d'un grand nombre de récoltes précieuses dont elles tiennent la place ; enfin, avec les jachères, il y a diminution dans la qualité des récoltes, diminution dans le produit journalier et dans la valeur vénale des bestiaux.

Vous paraissez étonnés, mes amis, mais j'espère que bientôt vous allez être convaincus de la vérité de ces propositions.

Vous vous plaignez souvent de l'immense quantité de fougère, de chardons, de chiendent, d'ajoncs, etc., dont vos champs sont remplis ; ce n'est qu'au bout de plusieurs années et après de nombreux sarclages, qui augmentent considérablement la main-d'œuvre, que vous parvenez à purger votre terre de ces plantes qui lui portent tant de préjudice. D'où vient ce surcroît de peines et de dépenses ? De ce que ces plantes ont mûri dans les jachères et les ont remplies de leurs graines ou d'une infinité de racines sur lesquelles poussent de nouvelles herbes. Pendant plusieurs années les graines se conservent dans la terre, et germent aussitôt qu'elle est remuée par les labours.

Certes, aucun mode de culture que ce soit ne débarrassera entièrement votre terre de toutes les plantes étrangères aux récoltes ; mais si vous parvenez à en détruire la plus grande partie, sans augmenter votre travail et vos dépenses, vous aurez déjà obtenu un résultat fort avantageux. Vous n'y parviendrez jamais en conservant les jachères, qui, favorisant la multiplication de ces mauvaises plantes, nuisent encore par cela même à la qualité de vos récoltes.

Quelque exacts, quelque minutieux que soient les sarclages que vous faites dans vos champs, il reste toujours une grande quantité d'herbes qui viennent à maturité en même temps que le grain et se mêlent à la récolte. Plus votre grain est pur et net, plus il a de valeur; plus, au contraire, il est mélangé de graines souvent malfaisantes, comme l'ivraie, plus, en un mot, il contient de *charge*, pour me servir de l'expression que nous employons ordinairement, moins le prix en est élevé. Il y a donc perte réelle.

Mes amis, la veillée est avancée; je vous parlerai un autre jour des précieuses récoltes dont vous vous privez par les jachères. Ceci trouvera nécessairement sa place lorsque j'aurai à vous entretenir des prairies artificielles, de la culture des pommes de terre et des betteraves-disettes. Je veux, en finissant, vous démontrer qu'en conservant les jachères, il y a perte dans les produits journaliers des bestiaux, et dans leur valeur vénale.

Je vous ai dit, en parlant de l'inutilité des jachères comme pâturages, que les bestiaux n'y trouvent que peu ou point de nourriture. Si vous voulez que vos bestiaux vous rendent beaucoup, il ne faut pas leur épargner la nourriture; il faut surtout qu'elle soit substantielle. Le peu que vos vaches recueillent dans les jachères suffit à peine à leur entretien. Pour qu'elles vous donnent beaucoup de lait, vous êtes obligés de leur fournir davantage à l'étable, ou bien le lait est clair et sans crème, et vous n'en avez qu'une très-petite quantité. Le fourrage venant à vous manquer, elles dépérissent; il faut les vendre, et dans quel état!... Remplaçant, au contraire, vos jachères stériles par de gras pâturages, vous conserverez vos fourrages pour l'hiver, vous aurez du lait et du beurre en abondance, et vos fumiers augmenteront dans la même proportion. Vos bestiaux, gras, frais et bien portants, se vendront avec bénéfice, et vous trouverez l'aisance où vous n'avez jusqu'ici rencontré que la misère.

Cessez donc, mes chers amis, de croire à la nécessité de laisser reposer vos terres; renoncez à la routine de l'assolement triennal, pour adopter un mode de culture plus propre à accroître vos ressources : cultivez toutes les parties de votre exploitation; à notre prochaine réunion, j'espère vous en démontrer la possibilité.

Jérôme avait cessé de parler, on semblait l'écouter encore. Les objections que plusieurs des assistants s'étaient proposé de faire tombaient devant ses raisonnements et surtout son exemple. On ne pouvait se dissimuler que ses récoltes étaient plus propres et plus nettes que celles des autres; que ses grains rendaient davantage; que ses vaches donnaient plus de lait, plus de beurre, et fournissaient plus de fumier; que ses bœufs étaient plus gras; que tous ses bestiaux étaient en meilleur état et d'une valeur bien supérieure. Sa provision de fourrage pour l'hiver était à peine entamée, et déjà ses voisins avaient consommé près d'un quart de la leur. Sa ferme pouvait être citée comme le modèle de celles du canton.

Jérôme avait développé les principes qui conduisent à un meilleur mode d'agriculture, et promettait d'indiquer les moyens d'arriver, comme lui, à une complète réussite : c'en était assez pour piquer la curiosité.

TROISIÈME ENTRETIEN.

Assolement biennal. — Assolement quadriennal et quinquennal. Assolement alterne. — Assolement pastoral.

C'était un lundi, vers la fin de septembre, les réunions chez Jérôme faisaient l'objet de toutes les conversations. Malheureusement, dans sa commune, comme dans beaucoup d'autres, une partie de ce jour était consacrée à la débauche plutôt que d'être employée utilement. Il faut le dire, c'était le petit nombre, qui suivait cette déplorable coutume, mais c'était encore beaucoup trop. Les honnêtes gens, les hommes religieux en gémissaient, et ce n'était pas sans intention que Jérôme avait choisi ce jour pour l'un de ceux destinés à rassembler autour de lui la jeunesse du pays.

La crainte de lui déplaire (car on avait pour lui le plus grand respect) avait déjà opéré sur les mœurs une salutaire influence. Jérôme avait des principes austères, on le savait, et l'on se gardait bien de paraître devant lui, même dans un état voisin de l'ivresse. Ceux qu'il admettait à ses veillées devaient être l'exemple du pays par leur conduite, comme il espérait qu'ils le deviendraient sous le rapport de l'agriculture.

Il n'est, dit le proverbe, si bon cheval qui ne bronche, et François, l'un des plus assidus et des plus intelligents cultivateurs, avait un peu dépassé les bornes de la sobriété. Il ne voulait cependant rien perdre des leçons qu'il avait commencé à mettre en pratique. Il se hasarde, arrive en chancelant, se met dans un coin afin d'éviter l'œil de Jérôme, et est assez heureux, croit-il, pour n'en pas être aperçu.

Le sujet de la soirée devait être important.

Jérôme avait promis des éclaircissements sur les causes de la supériorité bien constatée de sa culture; tous étaient très-curieux de les connaître.

Avant de vous dévoiler tous les secrets de ma culture, leur dit-il aussitôt qu'il eut ouvert la séance, j'ai encore à vous parler d'un autre assolement dont les résultats sont presque aussi peu avantageux que ceux de l'assolement triennal : c'est celui qu'on nomme *biennal*.

Assolement biennal.

Son nom vient de ce que, de deux années l'une, on cultive du froment dans le même terrain, laissant la terre sans ensemencement entre ces deux années de culture. Par cette méthode, qui ne peut réussir que dans les sols les plus riches, il n'y a plus de *jachère-pâture*, mais bien une *jachère active*, qui consiste à donner à la terre plusieurs labours, afin, soit de l'ameublir, soit, en la retournant, d'en exposer la plus grande quantité possible à l'action de l'air et des rayons du soleil. Les effets de l'effritement se trouvent en partie détruits sans l'être complétement, et la main-d'œuvre est considérablement augmentée. Or, il ne faut pas un grand effort d'intelligence pour comprendre que plus la main-d'œuvre augmente, sans que la production suive la même progression, plus le bénéfice ou le produit net diminue. C'est ce qui arrive presque toujours avec cet assolement. On a vu quelques rares exemples de terrains dont on ne pouvait tirer parti que par ce moyen, parce qu'en raison de leur qualité très-inférieure ils étaient rebelles à toute autre culture perfectionnée. Mais c'est une exception heureusement peu commune; et pourvu que le sol soit de qualité ordinaire, je ne conseillerai jamais l'adoption de ce système que je regarde comme très-défectueux. Du reste, les circonstances locales doivent toujours être prises en sérieuse considération, quand il s'agit de faire choix d'un assolement; et comme l'a dit un agronome fort distingué (M. Jules Rieffel) : « On peut quelquefois s'appauvrir avec un riche assolement, et vivre dans l'aisance avec un assolement pauvre. »

Assolement quadriennal et quinquennal.

Je ne vous parlerai pas de l'assolement *quadriennal* et *quinquennal;* l'un et l'autre tirent leur nom du nombre d'années après lesquelles on fait revenir les mêmes ensemencements dans les mêmes terres, c'est-à-dire quatre ans dans le premier, cinq ans dans le second. Au fond, ces deux assolements peuvent n'être que des modifications de l'assolement triennal ou de l'assolement alterne, et j'ai hâte de vous entretenir de ce dernier, qui réunit toutes les conditions de la bonne culture.

Assolement alterne.

Je nomme *assolement alterne* celui qui consiste à cultiver *alternativement* dans le même sol des plantes épuisantes et des plantes non épuisantes, en éloignant le retour des ensemencements de même espèce pendant un temps suffisant pour que les combinaisons nécessaires à la formation des sucs qui conviennent spécialement à certains végétaux puissent avoir lieu. Vous voyez, mes amis, que cet assolement n'est assujetti à aucune limite, quant à sa durée, et qu'il peut être varié à l'infini selon les besoins ou la convenance du cultivateur, la nature du terrain, les exigences du climat, ou les débouchés que présente la situation même de l'exploitation. Il est, comme vous le voyez, indépendant de la *rotation*. Consultez le tableau que je vous ai donné à la précédente veillée, et choisissez les plantes dont la culture vous offrira les avantages les plus prononcés, pourvu toutefois que la nature de votre sol se prête à leur végétation. Si vous observez exactement le principe de l'*alternance*, en ne faisant jamais succéder l'une à l'autre deux plantes épuisantes ou deux plantes de même espèce ou d'espèces analogues, votre sol ne s'effritera pas et vous le conserverez toujours en bon état de production. Il ne faut pas être bien sorcier pour faire de bonne agriculture; il suffit de distribuer ses ensemencements d'une manière convenable et judicieuse. Mes terres ne sont pas d'une autre nature que les vôtres, et cependant pourquoi ai-je obtenu de meilleurs résultats que vous? Parce que, au lieu de semer, comme on le fait dans le pays, deux ou trois céréales de suite, j'ai pris le soin de faire entre elles des cultures fourragères qui m'ont été beaucoup plus utiles que les jachères-pâtures, qui, chez nous occupent encore le tiers au moins de vos terres labourables : ainsi, dans une partie, j'ai cultivé des pommes de terre et des betteraves ou des rutabagas, qui me donneront une excellente nourriture pour mes bestiaux cet hiver; dans une autre, j'ai semé du trèfle et de la jarosse, qui me donneront un abondant *coupage* au printemps. Dans un de mes champs, après la récolte du froment, j'ai fait un ensemencement de trèfle incarnat qui sera consommé assez à temps pour remplir ce même champ à l'été par une plantation de choux ou par une culture de blé noir. J'ai semé mon froment sur un trèfle rompu qui m'a fourni deux coupes très-abondantes. Mon avoine, dont vous avez tant admiré la beauté, je l'avais semée après mes choux. Dans toute ma ferme, il n'y a pas un are de terrain qui soit resté inculte. Pourquoi n'en feriez-vous pas autant?

— Pourquoi, dit alors le vieux Pierre, par une bonne raison, c'est que pour faire toutes ces cultures-là, il faut des engrais, et que nous n'en avons seulement pas assez pour mettre dans nos champs à grains. Croyez-vous que ce sera avec mes quatre vaches et mes deux bœufs que je ferai assez de fumier pour entretenir en culture douze hectares de terrain que j'ai et que je paye six cents francs d'affermage?

— Je suis aise de votre observation, mon camarade, répondit Jérôme, parce qu'elle me fournit l'occasion de démontrer à ces jeunes gens et à vous le moyen de vous tirer d'inquiétude. Oui, sans doute, il faut des engrais, parce que sans engrais le meilleur assolement ne donnera que de médiocres récoltes; parce qu'alors vos terres s'épuiseront, si elles ne s'effritent pas. Mais, pour faire plus d'engrais, il faut avoir plus de bestiaux, et, pour avoir plus de bestiaux, il faut cultiver des fourrages pour les nourrir. Vous voulez savoir comment vous y prendre pour y parvenir? Rien n'est plus facile : semez de la graine de trèfle au printemps sur vos champs de grains au moment du râtelage, vous aurez un excellent fourrage au printemps suivant, sans avoir besoin d'une quantité de fumier plus considérable, puisque vos champs de grains ont été bien fumés. Vous pourrez avoir alors deux ou trois têtes de bétail de plus qui augmenteront la somme de vos engrais et vous permettront de cultiver quelques ares au moins en racines. Vous en profiterez l'hiver suivant pour l'entretien des bestiaux dont se sera accru votre capital d'exploitation; voilà tout le mystère. Et puis, je vais vous prouver dans l'instant qu'avec l'assolement alterne, la consommation des engrais n'est pas de beaucoup plus élevée relativement qu'avec l'assolement triennal. Je prends pour exemple l'étendue de votre exploitation, douze hectares : vous appliquez annuellement vos engrais à la moitié, ou six hectares, et comme vos six têtes de bétail vous donnent en moyenne 45 000 kilogrammes de fumier, la moyenne pour chaque hectare est de 7500 kilogrammes. Si, par l'assolement alterne, vous augmentez de trois seulement le nombre de vos bestiaux, la masse de vos fumiers s'élèvera à 67 500 kilogrammes, qui vous permettront, en suivant la même proportion, de fumer neuf hectares au lieu de six : or, cet accroissement de culture sera précisément en rapport avec celui du fumier. Vous n'aurez donc rien perdu, et vous gagnerez, au contraire, par l'amélioration que votre terrain recevra.

Certainement je ne vous conseillerai pas d'appliquer immédiatement à toutes vos terres la culture alterne, en ce sens que vous les cultiveriez, dès ce moment, toutes à la fois; adoptez seulement le principe de l'alternance, et, plus tard, votre culture pourra s'étendre à toutes vos terres au fur et à mesure du développement de vos ressources.

Maintenant, mes amis, je vais vous donner quelques exemples d'assolement alterne applicables aux diverses qualités du sol. Je suppose qu'il ne s'agisse que d'un hectare, que l'on devra cultiver pendant neuf ans au moins, longueur ordinaire des baux à ferme :

1er exemple. — Terre de première qualité.

1re Année. Froment et récolte intercalaire de trèfle incarnat.
2e id. Blé noir ou millet.
3e id. Pommes de terre.
4e id. Froment, avec semence de trèfle ordinaire au printemps.
5e id. Trèfle 1re année.
6e id. Trèfle 2e année, enfoui après la 2e coupe.
7e id. Froment sur enfouissement de trèfle.
8e id. Betteraves ou rutabagas, ou choux.
9e id. Avoine suivie de jarosse ou de ray-grass.

2e exemple. — Terre de deuxième qualité.

1re Année. Pommes de terre.
2e id. Froment avec semence de trèfle ordinaire.
3e id. Trèfle 1re année.
4e id. Trèfle 2e année, enfoui après la 2e coupe.
5e id. Froment.
6e id. Betteraves, rutabagas ou choux.
7e id. Blé noir ou millet, ou haricots ou orge.
8e id. Colza ou lin.
9e id. Avoine ou ray-grass, suivi de prairie temporaire.

3e exemple. — Terre de troisième qualité.

1re Année. Blé noir, millet ou haricots avec semence de trèfle.
2e id. Trèfle, deux coupes suivies d'enfouissement.
3e id. Seigle suivi de trèfle incarnat.

4e id. Betteraves ou rutabagas, ou carottes.
5e id. Blé noir ou millet.
6e id. Jarosse, vesce ou ray-grass, ou chicorée ou moutarde.
7e id. Seigle.
8e id. Trèfle ordinaire 1re année.
9e id. Trèfle 2e année.

Ces exemples suffisent pour vous démontrer que l'assolement alterne s'accommode de tous les sols comme de tous les climats, et vous comprendrez sans peine que cette série non interrompue de cultures, qui n'épuisent nullement le sol et surtout ne l'effritent pas, est de nature à augmenter le produit net, tandis que les jachères tendent à le diminuer. En vous parlant des engrais et des amendements, je vous dirai dans quelle proportion et à quelles époques de l'assolement il faut en faire usage.

Voulez-vous savoir maintenant quelle est la différence du produit net comparé après neuf années de chacun de ces assolements? C'est un calcul bien simple à faire et sur lequel j'appelle toute votre attention : nous porterons au chiffre des dépenses ce que, en termes de comptabilité, on nomme *débit* de l'exploitation : 1° le prix de la main-d'œuvre; 2° la valeur de la semence ; 3° celle des engrais et des amendements; 4° les impositions foncières; tout cela réuni donne en moyenne un total, pour l'assolement triennal, égal à........................ 1208 fr. » c.

Le produit brut, qui formera le *crédit*, se compose de la valeur des produits en grains, paille et fourrage, et peut être calculé à....... 1332 »

Le produit net ou balance d'un

hectare sera donc, au bout de neuf ans, pour l'assolement triennal, de	124	»
Ce qui donne une moyenne par année de.	13	77
Dans l'assolement alterne je prends pour terme de comparaison le premier exemple : Le débit de l'exploitation sera représenté par.	1679	60
Le crédit par.	2009	05
La balance sera de.	329	45
La moyenne par année sera de	36	60

Il suit de là que, dans les mêmes circonstances de qualité du sol et du climat, le produit net avec l'assolement alterne sera presque triple de celui obtenu avec l'assolement triennal.

Par un rapprochement remarquable, la même différence existe relativement à la richesse du sol qui se soutient constamment au même degré dans l'assolement alterne, mais dont la diminution est considérable avec l'assolement triennal. Nous entrerons plus tard dans quelques détails à ce sujet.

Assolement pastoral.

Il y a encore un assolement auquel on donne le nom de *pastoral*, parce qu'on fait entrer dans la rotation des divers ensemencements celle des plantes qui servent au pâturage des bestiaux. Ce n'est encore qu'une modification de l'assolement alterne qui toujours doit être la base. Ne vous ai-je pas conseillé moi-même de consacrer une portion de vos terres au pâturage, mais non à un pâturage stérile comme le donnent les jachères? Si votre sol est de qualité inférieure, ne craignez pas de convertir vos champs successivement, et après plusieurs années d'une culture productive, en prairies que je nomme *temporaires*, parce qu'elles sont destinées à être rendues à la culture ordinaire au bout d'un temps plus ou moins long, selon que l'intérêt bien entendu du cultivateur l'exige. Les procédés pour faire une bonne prairie temporaire viendront un autre jour, et lorsque nous traiterons des prairies naturelles dont elles ne diffèrent que quant à la durée.

Il est temps, mes amis, de laisser là les assolements, sur lesquels j'aurais encore bien des choses à vous dire; mais je crains de surcharger votre mémoire de faits qui pourraient jeter quelque confusion dans vos esprits. Cette matière est tellement importante, que je tiens beaucoup à ce que la plus grande clarté règne dans les indications que je vous donne et que vous ne les oubliiez jamais. Les plus jeunes d'entre vous ne peuvent encore, je le sais, mettre nos leçons en pratique: bientôt leur éducation agricole sera complétée, pour quelques-uns au moins, par leur admission dans les *fermes-écoles* et dans les *écoles régionales*.

Souvenez-vous de la prédiction que je vous fais en ce moment: Ceux qui renonceront aux vieilles routines de leurs ancêtres pour adopter une méthode de culture basée sur l'expérience et sur le raisonnement, qui sauront mettre l'ordre dans leurs travaux, dans la distribution de leur capital d'exploitation, dans l'emploi de leur temps, ceux-là dis-je deviendront à l'aise, peut-être riches.... Les autres languiront dans la misère, et quand viendront les jours de vieillesse, n'ayant point su se créer des *épargnes*, ils seront à la charge de leur famille, réduits peut-être à manger le pain de la charité publique.

Jérôme alors leva la séance, et ses auditeurs se séparèrent ; mais, à l'instant où François allait sortir, il l'appela : Croyez-vous donc, mon ami, que votre état m'ait échappé ? lui dit-il. Si je pensais que cela vous arrivât de nouveau, je vous interdirais ma maison pour toujours. L'homme intempérant se dégrade et s'avilit aux yeux de ses semblables, comme il se déshonore aux yeux de Dieu, en souillant ainsi son image.

Jérôme accompagna ces mots d'un regard sévère, et François, après avoir balbutié quelques excuses, prit congé de lui, tout honteux de s'être oublié de la sorte.

QUATRIÈME ENTRETIEN.

CLASSIFICATION DES TERRES.

Pesanteur spécifique des terres. — Terres argileuses. — Terres calcaires. — Terres siliceuses. — Terrains tourbeux. — Terres d'alluvion. — Humus. — Sous-sol. — Landes. — Terrains propres à la culture. — Terrains propres aux prairies. — Terrains propres à être convertis en bois.

Pierre avait peine à se rendre aux raisonnements de Jérôme, non qu'il en contestât la justesse, mais parce que chez lui la force de l'habitude l'emportait sur toute autre considération. Ce n'était pas à son âge, disait-il, qu'on pouvait se livrer à des expériences. Il avait bien vécu jusque-là avec son assolement triennal, il vivrait bien encore. Alors un jeune garçon de l'école primaire communale, qui avait étudié et résolu les problèmes proposés par Jérôme, s'approcha et lui dit : Sauf le respect que je vous dois, maître Pierre, il faut avouer que vous êtes ou bien insensé, ou bien entêté. Si vous croyez que Jérôme a raison, pourquoi ne voulez-vous pas semer du trèfle dans votre champ de froment, puisque vous savez qu'il en résultera pour vous un avantage réel ? Si vous croyez qu'il a tort, pourquoi n'essayez-vous pas de le lui prouver ? Pour mon compte, je serais bien curieux de voir comment vous vous y prendriez. Dame, voyez-vous, moi je n'ai pas envie d'être à charge aux autres quand je serai vieux comme vous. Pierre ne sut que répondre, et un grand éclat de rire s'éleva dans l'assemblée. Lui seul ne riait pas, mais il n'osa pas se fâcher, parce qu'il sentait au fond de son âme toute la vérité de ce naïf argument.

Dans ce moment, Jérôme entra ; il tenait à la main un bocal rempli d'eau et des balances ; des échantillons de terre étaient déposés sur la table.

Pesanteur spécifique des terres.

J'ai à vous parler aujourd'hui, dit-il à ses auditeurs, de la classification des terres ; mais, auparavant, nous allons nous livrer à quelques petites expériences. Vous voyez ces trois échantillons de terre, il faut que nous sachions quel est celui qui absorbera la plus grande quantité d'eau, ou qui pèsera le plus, relativement au poids de l'eau : c'est ce que l'on nomme la *pesanteur spécifique*. Les matières végétales et animales que le sol renferme étant plus légères que les matières *minérales*, c'est-à-dire celles qui forment la terre proprement dite, vous comprenez de quelle utilité peut être la connaissance de ce poids pour aider à déterminer le degré de richesse du sol. Ce vase contient deux litres d'eau qui pèsent deux kilogrammes. Nous allons en retrancher un litre, ou un kilogramme, et nous le remplacerons par une quantité suffisante de chacun des échantillons successivement, pour occuper autant de place que l'eau retranchée, de manière que ce qui reste remonte jusqu'au haut du vase, comme il est actuellement.

Jérôme vida alors la moitié juste de l'eau, puis il mit dans le vase le premier échantillon formé de terre dure et compacte. L'eau ayant remonté jusqu'au haut du vase, il le pesa dans ses balances, en déduisant le poids du verre, et trouva que l'eau et la terre ensemble pesaient 3 kilogr. 590 gr.

Ayant fait la même opération pour le deuxième échantillon dont la terre était mélangée de petites pierres et de sable, le poids se trouva être de 3 kilogr. 671 gr. Le troisième échantillon contenant par portions à peu près égales de la terre forte, du sable et de la chaux, le poids fut de 3 kilogr. 569 gr. Enfin, un quatrième échantillon, formé entièrement de débris de fumier consommé et réduit à l'état de terreau, soumis à la même expérience, donna pour résultat le poids de 2 kilogr. 225 gr.

La pesanteur spécifique, reprit Jérôme, étant le nombre de fois que la terre pèse plus que l'eau, il s'ensuit que cette pesanteur sera exprimée pour chacun des échantillons dans l'ordre où nous avons opéré, comme suit :

1er	échantillon. . . .	2,590
2e	id.	2,671
3e	id.	2,569
4e	id.	1,225

c'est-à-dire que la terre du premier échantillon pèse 2 fois ½ et une fraction plus que l'eau, les chiffres à droite de la virgule étant des millièmes.

Vous voyez, mes amis, que le sol qui a la plus grande pesanteur spécifique est celui qui contient le plus de sable et de petits cailloux; que la terre très-compacte, que l'on nomme terre *argileuse* ou terre *forte*, offre le poids le plus considérable après la première; que la pesanteur spécifique diminue proportionnellement à la quantité de chaux et surtout de débris de matières animales ou végétales que l'on trouve mêlés à la terre.

Si donc vous voulez savoir quel est le rapport entre le sol de vos divers champs, connaissance qui vous servira beaucoup pour apprécier, comme vous le verrez plus tard, la nature et la quantité des engrais ou des amendements dont vous devez faire usage, cherchez-en la pesanteur spécifique.

Maintenant je vais vous expliquer la classification des terres :

Les terres se divisent en trois classes principales : 1° Les terres argileuses ; — 2° Les terres calcaires ; — 3° Les terres siliceuses.

Terres argileuses.

On nomme *terres argileuses* ou *terres fortes*, ou encore *lourdes* et *froides*, celles qui contiennent une grande quantité d'*argile* ou *glaise*. On les nomme encore *terres alumineuses*. Ces sortes de terres sont de couleurs très-variées, tantôt rouges et grisâtres, tantôt bleuâtres ou brunes. On reconnaît que la terre est argileuse lorsqu'elle est tenace, qu'elle se divise avec difficulté. Elle est très-mouillée pendant l'hiver, parce que l'eau la pénètre difficilement, et devient extrêmement dure lors de la sécheresse. Le plus souvent elle se fend au soleil, quand l'eau qu'elle contient s'évapore par la chaleur, et les crevasses ont quelquefois une profondeur considérable. Les grandes pluies, comme les grandes sécheresses, nuisent beaucoup aux grains dans les terres argileuses, parce que, dans le premier cas, ces terres conservant beaucoup d'humidité, les semences pourrissent, et, dans le second, se resserrant avec force sur les tiges, elles empêchent leur développement. Les plantes alors se dessèchent, faute d'aliment et de séve.

En vous parlant des engrais, je vous indiquerai ceux qui conviennent le mieux à ces sortes de terres. Tout ce qui tend à les diviser sera toujours employé avec succès.

Si vous avez des terres où l'argile domine, et que

vous puissiez vous procurer du sable, ne craignez pas d'en répandre sur vos champs avant le labour. Les sables mélangés à la terre argileuse n'agissent pas comme engrais ; mais, en la rendant plus légère et plus perméable, en la divisant, ils facilitent l'action des engrais. Les sables de mer surtout seraient extrêmement avantageux, parce qu'à la propriété de diviser la terre ils joignent celle de l'exciter, au moyen des parties salées et des débris de coquilles qu'ils contiennent.

Quelques personnes donnent aux terres argileuses le nom de *terres franches.* Il existe cependant des différences notables entre les terres argileuses et les terres franches. La *terre franche* est celle que l'on regarde comme formée des éléments les plus propres à donner au sol le plus haut degré de fertilité, puisqu'elle est composée de silice, d'alumine ou de chaux carbonatée. Mais elle se rapproche de la terre argileuse en ce qu'elle est trop compacte encore, et que, pour la petite culture principalement, elle a besoin d'être divisée au moyen du sable. L'auteur du *Bon Jardinier* lui donne le nom de *terre normale,* qui, dit-il, a une signification précise, tandis que celui de terre franche est équivoque. Ainsi la terre franche constitue le sol le plus propre à la plus grande partie des cultures. « Heureux celui qui peut établir son jardin dans une telle terre, dit le même auteur ; elle convient aux céréales, aux fourrages, aux légumes, à tous les arbres fruitiers et forestiers, et à presque tous les arbres d'agrément. »

Terres calcaires.

Les terres *calcaires* sont celles dont la composition a pour base la chaux existant naturellement dans le sol et sous différentes formes. Ainsi, on trouve la chaux à l'état de pierre ou de marbre que l'on nomme *carbonate de chaux*; en coquillages déposés par la mer à l'époque du déluge, et on la consigne sous le nom de *calcaire coquiller*, ou enfin à l'état de *plâtre*. On les nomme aussi *terres crayeuses* ou *marneuses*, lorsque la *craie* ou la *marne* en forme les principales parties. Quoiqu'il y ait de grandes différences entre les terres crayeuses, marneuses et calcaires proprement dites, on comprend assez généralement ces trois espèces sous la dernière dénomination, parce qu'elles ont entre elles beaucoup de rapports, au moins apparents.

On reconnaît la terre calcaire à sa couleur blanchâtre. Cette couleur est plus ou moins intense ou vive, selon que la terre contient en plus ou en moins grande quantité les diverses substances dont je viens de parler.

Les terres calcaires sont pâteuses à l'humidité, se gercent et deviennent comme de la cendre à la sécheresse. L'eau entre facilement dans ces sortes de terres, et s'évapore de même, parce qu'elles sont très-pénétrables à l'air.

Puisque je vous ai dit qu'il existe des différences entre les terres calcaires proprement dites, crayeuses et marneuses, je dois vous les indiquer.

Les parties calcaires rendent la terre plus légère et plus desséchante; en trop grande quantité, elles rendent le sol brûlant et aride.

La craie, nom que l'on donne à une pierre molle et schisteuse qui se détache par feuilles plus ou moins épaisses comme l'ardoise, et que l'on nomme *chaux carbonatée graphique*, donne naissance à une sorte de terre blanchâtre, savonneuse et douce au toucher. Elle a de l'argile la propriété de retenir l'eau, tant qu'elle n'est pas exposée aux rayons du soleil; à la surface du sol, elle a les mêmes défauts que les parties calcaires, et semble se fondre à la pluie. On la confond souvent avec la marne, mais elle n'en a pas les qualités.

Les terres marneuses sont, en général, plus fertiles que celles qui contiennent des parties crayeuses. Il y a des espèces de marnes calcaires qui, mêlées aux terres argileuses, sont un excellent engrais ou plutôt un amendement. Il existe encore une autre espèce de terre, que l'on ne peut pas, à proprement parler, classer parmi les terres calcaires, quoiqu'elle en ait tous les défauts, c'est celle que l'on nomme vulgairement *terre valaine :* cette espèce paraît appartenir préférablement à la classe des terres siliceuses, parce qu'elle est formée par une silice extrêmement divisée ; elle est aussi très-légère et sans consistance. On pourrait l'appeler *terre à fougères*, parce que cette plante y croît de préférence à toutes les autres. Elle convient particulièrement aux plantations de châtaigniers plutôt qu'à la culture des céréales. Je vous en parle ici, parce que les amendements qui sont propres à l'amélioration des terres calcaires, le sont également pour cette dernière espèce.

Disons donc que tout ce qui tend à donner à la terre de la consistance et à diminuer la couleur blanche qui caractérise la classe des terres calcaires, ne peut que leur être avantageux.

Jérôme s'aperçut que quelque chose semblait embarrasser ses auditeurs. Il entendit ces mots : *Demande donc pourquoi*, prononcés, quoique à voix basse, par François.

Je vois, reprit-il aussitôt, ce qui vous intrigue ; c'est de savoir pourquoi ce qui peut diminuer la couleur blanche est utile aux terres calcaires. Il faut que vous sachiez que la blancheur a pour effet de repousser les rayons du soleil, tandis que le noir, au contraire, les attire et les absorbe. Plus la terre reçoit de rayons du soleil qui la pénètrent, plus elle s'échauffe; plus, au contraire, elle les renvoie, plus elle est froide. Il suit de là que la végétation est beaucoup moins active dans les terres blanchâtres que dans celles dont la couleur est plus foncée, lorsque par ailleurs les conditions de la végétation sont les mêmes. Voilà pourquoi je vous disais que tout ce qui tend à diminuer la blancheur des terres calcaires leur est avantageux, parce que le sol absorbe alors une grande quantité de rayons du soleil, qui l'échauffent et le vivifient.

Terres siliceuses; terrains tourbeux; terres d'alluvion; humus.

On donne le nom de terre *siliceuse* ou *sableuse* à celle dont le sable, les petits cailloux, ou *fragments de quartz*, forment la partie dominante et principale. Il faut comprendre encore dans cette classe les sols à base de granit, comme on en trouve beaucoup dans la Bretagne.

Tous les terrains sont formés par la décomposition des roches qui constituent la partie solide de notre globe. Ainsi, les terrains argileux sont le résultat de la division des parties qui formaient dans leur ensemble des roches composées de silice et d'alumine et que l'on nomme *silicates alumineux*. Plus l'alumine est abondante dans ces roches, plus elles sont argileuses; plus, au contraire, ce sont des parties siliceuses qui dominent, plus la terre est siliceuse, poreuse, pénétrable à l'air et à l'eau. C'est alors qu'on lui donne spécialement le nom de terre siliceuse ou pierreuse.

Cette terre, que l'air et l'eau pénètrent facilement, serait improductive, si elle n'était mélangée avec de l'argile, parce qu'elle n'a par elle-même aucune consistance. Unie à la terre argileuse et à la terre calcaire, cet assemblage forme le sol le plus propre à l'agriculture; il est peu d'engrais qui ne conviennent et peu de cultures qui ne s'approprient à ce composé. Mais il est bien rare de le rencontrer dans la nature en proportions égales[1]. Le cultivateur judicieux doit s'efforcer d'apporter, aux trois espèces de terres dont je viens de vous parler les corrections nécessaires. Ainsi, vous améliorerez vos terres argileuses par la terre calcaire, qui les rend plus légères, et par la terre siliceuse, qui les divise et les rend plus pénétrables à l'eau; vous amenderez vos terres calcaires, trop légères de leur nature, par la terre argileuse, plus compacte et plus forte; enfin, vous rendrez vos terres siliceuses fertiles par l'adjonction des deux autres. Il ne faut pas confondre la dénomination de *terres légères* que nous venons de donner aux terres siliceuses, avec la pesanteur spécifique dont nous avons parlé[2]. Le mot *léger*, appliqué ici au sol, est l'équivalent de *divisé, sans consistance.*

Dans quelques parties du territoire français on rencontre des terrains d'une nature toute spéciale, formés par l'agglomération des débris de végétaux longtemps couverts par les eaux et auxquels on donne le nom de *tourbe.* La tourbe, quand elle est submergée, est improductive; mais quand, au moyen de canaux et de travaux d'assainissement, on parvient à la mettre au-dessus des eaux, on peut en tirer un parti très-avantageux pour l'agriculture, pouvu que l'on comprenne bien le système de culture qui lui convient. Je vais vous l'expliquer en quelques mots, avec un agriculteur distingué, M. P. Deloze, directeur d'une ferme-école située à Saint Gildas (Loire-Inférieure), précisément au centre d'un terrain tourbeux : Jusqu'ici la culture des terres tour-

1. Voir les analyses aux pages 142 et 143.
2. Page 49.

beuses a pris peu d'extension, soit à cause des préjugés attachés à cette nature de sol, soit à cause du produit qu'on en retirerait comme combustible, soit enfin parce que les travaux de desséchement demeurés incomplets ne permettaient pas d'opérer avec quelque chance de succès sur ces terrains constamment exposés à être inondés.

Des essais répétés dans diverses circonstances dans des terres tourbeuses mises à l'abri des eaux, essais que nous avons pu suivre dans tous leurs détails, nous ont prouvé que l'on peut tirer un grand parti de leur mise en culture, et obtenir des produits au moins égaux à ceux fournis par les meilleures terres de landes, pourvu que la culture soit faite avec intelligence et appropriée à la position et à la nature du sol. Ajoutez à cela que le desséchement des marais tourbeux est un immense service rendu au pays relativement à la salubrité publique.

Le premier soin qu'exigent les terrains tourbeux consiste à les écobuer[1]. L'écobuage n'a pas le même inconvénient que sur les landes, ainsi que nous le verrons plus tard, et doit même précéder toutes les autres opérations après le desséchement.

On sème sur ce simple écobuage, après avoir hersé pour étendre la cendre, soit du colza, soit de la navette. Les colzas de printemps surtout réussissent très-bien et arrivent ordinairement à parfaite maturité dans les parties trop humides encore pour recevoir des colzas d'hiver.

Ces terres sont susceptibles de produire toute espèce de racines : betteraves, rutabagas, navets, pommes de terre, toutes les plantes de la famille des crucifères,

1. Voir l'explication de ce mot à l'article *Cendres*, p. 103.

et celles dont la végétation se développe dans toute la saison du printemps et de l'été. Ainsi les avoines de printemps, l'orge, le millet, le blé noir, le lin, le chanvre, etc., leur conviennent également.

Pour les plantations, on choisit de préférence le peuplier suisse en boutures, le frêne, l'aune, le saule et même le chêne, mais en plant couché.

Un assolement qui réussit bien dans ces sortes de terres et donne généralement un produit net très-avantageux, est le suivant :

1re année : écobuage et ensemencement de colza ou de navette, sans autre engrais que la cendre étendue.

2e année : écobuage nouveau et colza de printemps ou d'hiver.

3e année : labour et culture de racines avec du noir de raffinerie ou du guano.

4e année : avoine avec demi-fumure de fumier ordinaire.

5e année : colza.

On sème le colza du 15 avril au 15 juin, selon que la saison le permet; il est préférable de semer de la navette quand la saison est avancée : la levée est plus assurée, la végétation plus active et la maturité plus prompte. Toutefois le rendement est moins abondant qu'avec un ensemencement précoce.

Nous rencontrons encore souvent une autre espèce de sol, ordinairement très-riche, que l'on nomme *terre d'alluvion*. Ce nom vient de ce que les parties qui le composent ont été charriées ou transportées par les courants d'eau à des époques plus ou moins reculées. Les terres d'alluvion forment habituellement le fond des vallées.

Les lais de mer font encore une autre classe de terre ayant le plus ordinairement une grande puissance de production. Cependant quelques laisde mer sont formés d'une argile tellement compacte qu'ils sont improductifs tant qu'on ne les amende pas avec une forte quantité de sable. D'autres ne sont composés que de sable auquel il faut ajouter de l'argile. Mais quand, par des amendements convenables, on est arrivé à leur donner le degré de consistance que réclame la production, ces terrains acquièrent un haut degré de fertilité.

Il existe dans le sol une partie que je ne vous ai point expliquée, et qui a cependant une grande importance, puisque c'est elle qui est le principe de la richesse et de la fécondité, c'est l'*humus*. Je n'entends par là que le résultat de la décomposition des parties animales et végétales, ou la portion des engrais qui n'a pas été consommée par la végétation et est demeurée dans le sol à l'état de *terreau*. Souvenez-vous que la terre qui a le moins de pesanteur spécifique est celle qui contient le plus d'*humus*, dans le sens que nous attachons à ce mot.

La puissance de l'*humus* est telle qu'il suffit d'en augmenter la quantité dans le sol pour le rendre propre à toutes les cultures en harmonie avec la nature du climat, et à la condition d'un bon assolement. On lit dans le *Nouveau cours complet d'agriculture* de 1822, tome VIII, page 173 : « Les terres à seigle ne produisent pas du froment, parce qu'elles ne peuvent le nourrir. Leur donne-t-on une surabondance de fumier ; y enterre-t-on une ou plusieurs récoltes de sarrasin, de raves, de trèfle ; les assujettit-on à un assolement régulier, elles deviennent propres à en produire comme le prouvent mille et mille faits. »

Tout ce que je vous ai dit de la division ou de la classification des terres ne se rapporte qu'à cette partie qui se trouve à la surface, dans laquelle les semences germent et fructifient, celle enfin que l'on soumet au labourage, et que l'on nomme, proprement dit, le *sol* ou *terre végétale*.

Sous-sol.

Il est une autre partie qui, par sa nature, exerce une grande influence sur la végétation, et que l'on nomme *sous-sol*, dont je dois aussi vous entretenir.

Il arrive fort souvent que le sous-sol est d'une espèce toute différente du sol. Quelquefois celui-ci est argileux et l'autre sablonneux ou calcaire ; mais ce dernier cas est plus rare, et l'on rencontre plus fréquemment le sable sous l'argile. On a même remarqué qu'ordinairement, sous une couche d'argile plus ou moins épaisse, se trouve une couche de sable.

Il résulte de cette remarque que le sous-sol est de nature différente du sol, qu'en faisant des labours profonds on obtient le résultat dont je vous parlais tout à l'heure, c'est-à-dire le mélange avantageux de la terre calcaire ou siliceuse à la terre argileuse.

Lorsque je vous parlerai de la profondeur des labours, je vous expliquerai les avantages que vous devez trouver en amenant à la surface de la terre une portion du sous-sol, qui, par son exposition à l'air, se convertit en sol, ou terre végétale.

Mais, quelque bonne que soit votre terre, il est une chose certaine, et que vous comprenez tous, c'est qu'elle ne vous dédommagera amplement de vos peines qu'au moyen des engrais, surtout lorsque vous les appliquerez d'une manière convenable.

Cependant quelques terrains privilégiés donnent d'abondantes récoltes, sans que le cultivateur soit obligé d'avoir recours aux engrais, au moins pendant un certain nombre d'années. Ce sont, par exemple, certaines terres que la mer a couvertes autrefois, et dans lesquelles elle a laissé de nombreux éléments de fertilité qui se conservent longtemps après que ces terres sont rendues à la culture; mais, au bout d'un laps de temps plus ou moins long, il faut revenir à l'emploi des engrais.

Je ne veux pas, mes chers amis, anticiper sur les détails que je me propose de vous donner dans le prochain entretien, en vous parlant des engrais. Cette matière est de la plus haute importance, et je vous engage à lui accorder toute votre attention; mais, auparavant, je vais vous donner quelques explications sur la nature des *landes* et les moyens de les utiliser.

Landes.

La première chose que l'on doit faire avant d'entreprendre un défrichement est de bien reconnaître la nature du terrain. Toutes les landes ne sont pas propres au même genre de culture, les unes, en raison du peu d'épaissseur de la couche de terre végétale, les autres en raison de la composition même de cette couche, qu'on nomme proprement le *sol*. Ici, converties en *guérets*, elles se couvriront de riches moissons; là, on ne saurait les transformer plus utilement qu'en prairies; ailleurs, elles ne donneront des produits avantageux que changées en bois. Il est bien difficile, comme vous le voyez, de poser en théorie des règles certaines pour les défrichements, qui doivent faire la matière d'une étude sérieuse, approfondie, sans laquelle on peut souvent compromettre sa fortune. Il y a cependant des préceptes généraux qui peuvent servir de guides dans cette vaste et importante entreprise.

Pour les expliquer brièvement et tâcher de me faire

bien comprendre, je diviserai en trois classes le sol des landes, abstraction faite de la terre qu'on nomme *terre de bruyère*, qui n'est que le résultat de la décomposition de la plante qui porte ce nom.

Terrains propres à la culture.

Lorsque le sol est *argilo-siliceux* ou *argilo-calcaire*, que d'ailleurs il a de la profondeur, il ne faut pas craindre de le destiner à la culture des céréales et des plantes fourragères. On reconnaît qu'il est argilo-siliceux, lorsqu'il est composé de terre forte ou *argile* mélangée d'une quantité plus ou moins considérable de sable fin et délié. Cette espèce de terre est la plus productive, quand elle a reçu les préparations nécessaires; je ne veux pas dire qu'elle aura, dès l'origine du défrichement, le même degré de fécondité auquel elle arrivera par la culture, mais seulement qu'il faut la choisir de préférence.

La terre argilo-calcaire présente à peu près les mêmes avantages, mais elle est, en général, plus desséchante, plus aride que la première. Quelquefois on rencontre l'argile presque pure, il ne faut pas s'en effrayer; on corrige aisément ce défaut par de fréquents labours et par les amendements sablonneux ou calcaires. Il n'est pas indifférent de connaître les engrais qu'il convient d'employer dans les terrains de cette nature; ils varient selon que l'argile, le sable ou le calcaire domine. En vous parlant des engrais, j'entrerai à cet égard dans quelques détails.

Lors d'un défrichement, si le sol a peu de profondeur, il faut bien se garder d'avoir recours à l'*écobuage*. Cette pratique vicieuse porte au cultivateur un préjudice incalculable. L'écobuage fait produire immédiatement une et rarement deux bonnes récoltes, mais il a usé les principes de la végétation pour les ensemencements suivants, et par là se trouvent détruits l'espoir et le fruit des travaux. Mieux vaut couper la bruyère sur le sol, la brûler et en répandre la cendre après un premier labour. Cette opération a les avantages de l'écobuage, sans en avoir les inconvénients.

Terrains propres aux prairies.

Ce que je viens de dire de la nature du sol propre à la culture se rapporte également à celui destiné aux prairies. La différence est dans la position et dans l'aspect du terrain.

Les vallées profondes et sujettes à être inondées, les terres marécageuses, celles que l'on peut arroser et dessécher aisément, conviennent spécialement pour faire des prairies. Il ne faut pas croire qu'il suffit de dresser un terrain et d'y semer de la graine de foin pour faire une bonne prairie. Le sol demande plus de soins peut-être que les terres labourables; mais, une fois bien préparé, les travaux d'entretien se réduisent à peu de chose.

Bientôt je vous expliquerai quelles sont les conditions d'une bonne prairie et les soins qu'elle exige. Le choix des terrains susceptibles d'être convertis en prairies est un point qu'il ne faut jamais négliger : elles sont une des bases de la richesse agricole.

Terrains propres à être convertis en bois.

Les plus mauvais sols, les terrains les plus arides, ceux enfin dont on ne saurait tirer aucun autre parti, soit par leur position, soit par leur peu d'épaisseur ou de consistance, peuvent être utilisés en les convertissant en bois. Il suffit de bien choisir l'essence qui leur convient et le mode d'aménagement. Tantôt il faut semer, tantôt planter; ici ce sera le chêne, le bouleau ou bien le peuplier et le saule; là, le châtaignier, le noyer ou le hêtre; dans un autre endroit, le pin et divers arbres résineux, etc. Je vous expliquerai cela plus tard; aujourd'hui, je me bornerai à dire que le chêne aime les lieux frais et la terre forte; le saule et le peuplier, le voisinage des eaux courantes; le châtaignier, les terres légères et sèches, mais profondes; le noyer, les terres calcaires; le hêtre, les terres franches et calcaires; les arbres résineux ou arbres verts, les sols arides, peu profonds, les rochers, les vallons exposés au nord, en un mot, tous les terrains qui ne sont propres à aucune autre culture [1].

Vous voyez, mes amis, par ce court aperçu, quel parti avantageux on peut retirer des landes, comparativement à ce qu'elles rendent aujourd'hui. Étudiez donc avec soin la nature de votre terrain, et sachez le mettre à profit.

1. Nous nous empressons de faire connaître ici un procédé usité par M. Delahaye-Jousselin, ancien député de la Loire-Inférieure, pour convertir les landes en tailles de châtaigniers : après avoir écobué, il sème en même temps du seigle, des graines de pins et des châtaignes; après la récolte du seigle, les pins et les châtaigniers croissent abrités par le chaume. Au bout de dix à douze ans, il éclaircit les pins par rubans de deux mètres en deux mètres; vers la quatorzième année, il exploite la totalité de son semis en coupant le reste des pins et rabattant les châtaigniers. Ces derniers ne tardent pas à pousser des jets vigoureux, et, au bout de vingt ans, la taille est en plein rapport, arrivée à sa seconde coupe.

CINQUIÈME ENTRETIEN.

AMENDEMENTS. — ENGRAIS.

Amendements.— Division des engrais.— Sables de mer.— Tangue.— Chaux. — Sablon calcaire ou castine. — Plâtras et terre de démolition. — Phosphate de chaux fossile. — Os broyés. — Suie. — Écailles d'huîtres et coquillages. — Plâtre.

L'heure de la réunion n'était pas encore sonnée, que déjà les amis de Jérôme remplissaient l'appartement où ils avaient coutume de l'entendre avec tant de plaisir. En traversant les champs de leur maître, ils avaient remarqué que depuis la dernière entrevue il avait fait exécuter de nombreux travaux. Ici, on voyait des monceaux de sable destinés à l'amélioration d'un vaste champ d'une terre forte et compacte; là, il avait fait amasser de la suie et du noir animal : c'était une terre blanchâtre et mouillée. Le fumier de ses écuries, séparé de celui de ses étables, avait été conduit dans des champs de qualité différente. Des tombereaux remplis, les uns de plâtre, les autres de cendres, étaient placés près des prairies artificielles; mais deux choses attirèrent les regards : la première était un champ de trèfle d'une grande beauté, que des ouvriers retournaient avec la charrue. On fut tenté de murmurer contre cette prodigalité. « A quoi bon ? disait Baptiste à Jean-Marie; Jérôme est-il devenu fou ?... Détruire ainsi une coupe abondante qui aurait fourni une si bonne nourriture à dix vaches au moins pendant un mois! Je me garderai bien de l'imiter en cela, et s'il n'a que de semblables exemples à nous donner, grand bien lui fasse, mais il ne me prendra jamais envie de le suivre. — Je ne conçois pas trop cette conduite, reprit Jean-Marie, mais il faut que Jérôme ait des motifs pour en agir ainsi, car tu connais toute sa prudence et son économie; ne le condamnons pas sans l'entendre. »

La seconde chose qui avait excité la surprise, fut de voir un tonneau placé tout nouvellement en terre près de l'étable, comme une citerne, pour en recevoir les égouts. Auprès était une barrique montée sur une charrette et semblable à celle dont on se sert à la ville pour arroser les rues. Un homme puisait dans le tonneau et remplissait la barrique.

« Que fais-tu donc là? lui demanda Pierre. — C'est de l'engrais que je vais aller répandre sur la plus mauvaise prairie de Jérôme, dit le garçon de ferme. — Ah! si elle ne vaut rien maintenant, je veux bien faire le pari qu'il y récoltera encore moins de foin l'été prochain. Est-ce à moi, qui suis un vieux laboureur, que tu feras accroire que l'urine ne brûle pas au lieu d'engraisser? » Le garçon, sans lui répondre, continua sa besogne, et Pierre poursuivit sa route en branlant la tête. Il entra chez Jérôme, qui, assis à sa place ordinaire, commença lorsque tout le monde eut fait silence :

J'ai réclamé toute votre attention pour l'objet important qui doit nous occuper pendant cet entretien, mes chers amis, et j'ai entendu avec peine quelques-uns d'entre vous traiter de caprice, de folie même une opération que faisaient par mon ordre mes ouvriers. Attendez mes explications, attendez surtout les résultats, avant de juger si légèrement un procédé que je maintiens être l'un des plus utiles et des plus économiques en agriculture. Comme il faut que tout se fasse avec ordre, je vous en développerai les avantages après vous avoir indiqué les diverses classes d'engrais et lorsque son tour viendra.

Amendements.

Avant d'entrer dans le détail des engrais, je dois vous dire ce que l'on entend par *amendements;* on confond souvent, quoique à tort, ces deux expressions : *amendements* et *engrais.*

Quand je vous ai expliqué la classification des terres, j'ai appelé votre attention sur la nécessité de corriger ce que l'une peut avoir de défectueux par l'excès d'une des bases dont elle est formée, en ajoutant à cette base les matières qui lui manquent pour former un bon sol. C'est cette opération qui constitue les amendements. Ainsi, un sol est trop argileux ; on l'amende en lui fournissant la quantité de sable qui lui est nécessaire, afin que l'air pénètre plus aisément dans toutes les parties. Dans un autre le principe calcaire n'existe pas ; on l'amende en y mettant de la chaux qui alors augmente sa fertilité. C'est ce qui a fait dire à Thaër, l'un des plus savants agronomes qui aient existé, que l'amendement est une *amélioration physique* du sol, tandis qu'il désigne l'emploi des engrais sous le titre d'*amélioration chimique.*

Nous dirons donc que tout ce qui a pour but de modifier la nature même du sol, en l'améliorant, est un amendement.

La pratique des amendements est beaucoup trop négligée, et l'on n'en connaît pas assez les précieux avantages. Un sol peut être très-riche, et cependant rester privé d'une fertilité convenable qui ne se développe qu'avec des amendements habilement faits. Un seul exemple suffira pour vous le démontrer : supposons que l'absence de la culture du sainfoin soit la cause principale du retard que peut éprouver, dans une localité, l'industrie de l'engraissement des bestiaux : de nombreuses expériences ont prouvé que le sainfoin ne prospère que dans les sols calcaires ; fournissez au sol l'élément calcaire qui lui manque, et vous pourrez espérer réussir dans cette culture. Cette amélioration sera le résultat de l'amendement.

Mais autant un amendement fait avec discernement peut donner au sol une plus-value considérable, autant, au contraire, on peut lui causer de préjudice si cet amendement est fait dans de mauvaises conditions : nous avons vu quelques terrains devenir presque entièrement stériles pour avoir reçu des amendements qui n'étaient en rapport ni avec la nature du sol ni avec l'espèce des végétaux que l'on voulait cultiver.

Comme je ne peux pas entrer dans de longs détails sur ce sujet, quelque important qu'il soit, je me bornerai à vous indiquer les principaux amendements. On peut les désigner sous les dénominations suivantes :

1° Amendements sablonneux ;

2° Amendements calcaires ;

3° Amendements terreux.

Je vous ai déjà dit combien les amendements sablonneux sont utiles dans les terres fortes et argileuses ; j'aurai occasion de vous en parler encore à propos des sables de mer et des sables calcaires. Il en sera de même des amendements calcaires, lorsque je vous expliquerai l'emploi de la chaux, cette matière si précieuse pour l'agriculture. Je ne vous entretiendrai en ce moment que des amendements terreux.

Ces amendements consistent à transporter dans un sol formé par la réunion des parties terreuses d'une certaine nature, des terres d'une nature différente qui n'existe pas dans le sol qu'on veut amender. Ces mélanges, ou plutôt ces échanges, sont d'un merveilleux effet en agriculture, mais ils ne sont pas toujours praticables avec avantage en raison des frais qu'ils occasionnent. Une considération générale, qui se retrouve partout comme base de toutes les opérations, est la comparaison de la dépense avec les résultats que l'on est en droit d'en attendre. Si cette dépense devait excéder la plus-value que le sol doit en acquérir, le cultivateur ferait évidemment un acte de mauvaise administration en ne s'abstenant pas. Nous ne saurions le répéter trop souvent : on doit avant tout chercher à faire de bonne agriculture, de l'agriculture productive qui augmente le capital, et non de l'agriculture qui le diminue.

Je considère comme l'un des amendements terreux les plus utiles l'opération du *tombereaulage*, qui consiste à transporter sur les parties les plus basses des champs la terre des *chintres*, *fourrières* ou *cruères*, selon les noms qu'on donne aux portions de terrain qui entourent l'espace cultivé du champ. La terre que l'on extrait de ces chintres renferme des matières végétales abondantes qui se décomposent d'autant plus promptement qu'on les mélange avec une certaine quantité de chaux, et forme ce que l'on nomme en agriculture un *compost*. Elle devient alors un amendement mixte.

Le résultat de l'*écobuage*, dont nous parlerons à propos des cendres, est encore une sorte d'amendement terreux par suite de la quantité de terre qui se trouve mêlée aux cendres produites par la combustion des végétaux enlevés du sol par l'écobuage.

Comme l'effet des amendements se fait ordinairement sentir pendant plusieurs années, il faut faire attention à cette circonstance en appréciant la dépense à laquelle ils donnent lieu. Si la dépense première est parfois un peu forte, elle se répartit sur les années pendant lesquelles dure l'effet de l'amendement, et alors elle n'a plus la même importance. C'est ici surtout qu'il faut bien se garder d'une parcimonie excessive, souvent aussi dangereuse que la prodigalité.

Division des engrais.

Les engrais sont à la terre ce que la nourriture est a l'homme ; ils doivent être appropriés à la nature et a la qualité du sol, comme à l'espèce des ensemencements. Tel engrais sera insuffisant dans un terrain, pour telle production, et trop actif ou trop fort dans un autre. Dans le premier cas, la végétation est faible et languissante ; dans l'autre, les tiges trop grasses, trop nourries, s'affaissent et versent, pour me servir de l'expression reçue en agriculture. L'air ne pouvant plus circuler alors librement au milieu d'elles, elles s'échauffent et pourrissent.

Voulez-vous éviter ces deux excès, étudiez d'abord avec une attention particulière la nature du sol que vous voulez ensemencer, pour lui fournir la quantité d'engrais qui lui est nécessaire et la qualité qui lui est propre; examinez ensuite quelle espèce de semence doit le mieux réussir dans tel terrain et avec tel engrais.

Jeter à tout hasard et par routine les semences et les engrais dans la terre, sans faire auparavant cet examen, c'est imiter l'aveugle qui prend indifféremment tous les chemins : heureux s'il rencontre le bon!

On entend par *engrais* tout ce qui peut procurer aux plantes les sucs nécessaires à leur développement.

Les uns contiennent ces sucs et les communiquent à la terre, dans laquelle les racines viennent les pui ser; les autres ne font que faciliter le développement de ceux que la terre contient elle-même, en rendant plus prompte et plus complète la dissolution ou la décomposition des parties animales ou végétales qui y sont renfermées.

Peut-être, mes amis, ne comprenez-vous pas bien cette distinction. Pour la rendre plus sensible, je donnerai aux premiers le nom d'*engrais nourrissants*, et aux seconds celui d'*engrais excitants* ou *stimulants*. Il en est qui sont à la fois nourrissants et excitants; je les nommerai *engrais mixtes*, c'est-à-dire réunissant les deux qualités.

On divise encore les engrais en *engrais minéraux*, *engrais végétaux*, *engrais animaux*, *engrais végéto-animaux*. Vous comprendrez ce que l'on entend par chacune de ces dénominations, lorsque je vous indiquerai les engrais qui s'y rapportent; mais pour vous rendre plus facile l'application des engrais aux différentes classes de terres dont je vous ai parlé dans le dernier entretien, je suivrai l'ordre de ces classes, sans avoir égard à l'espèce, soit minérale, soit végétale ou animale, des engrais. Nous commencerons donc par ceux qui conviennent particulièrement aux terres argileuses.

Vous n'avez pas oublié sans doute que je vous ai dit de ces terres, qu'il faut rechercher de préférence ce qui tend à les diviser. Je vous ai parlé des *sables* comme amendements, et des *sables de mer* comme engrais. C'est à ceux-ci que je dois alors donner la première place.

Sables de mer.

Le sable de mer ne peut être employé que par ceux qui se trouvent à peu de distance des côtes. La quantité ne saurait être déterminée. Il faut le répandre sur la terre avant le labour, afin qu'il puisse se mêler exactement avec elle.

Ne confondez pas avec le sable de mer proprement dit un autre engrais que l'on nomme la tangue.

Tangue.

La tangue est un sable extrêmement fin, ou plutôt une vase de mer qui contient une grande quantité de sels marins, de débris de coquilles et de plantes qui croissent sur les rivages et les rochers. C'est un engrais *stimulant* fort actif; on ne peut l'employer qu'après avoir été mis en monceaux exposés à l'air et à l'abri de la pluie pendant plusieurs mois. On a coutume de mélanger la tangue avec une quantité double de terreau ou de fumier. Ce mélange s'opère lorsque la tangue est nouvelle, vers le mois de mai ou de juin, et pendant une partie de l'été, pour servir, lors de l'ensemencement du blé ou du trèfle, à l'automne ou au printemps suivant, dans la proportion de 60 à 70 hectolitres (6 à 7 mètres cubes) par hectare, en l'employant comme *engrais*, et huit fois autant considéré comme *amendement*. On a remarqué que le trèfle fumé avec la tangue est plus précoce et plus beau qu'avec le fumier pur. La bonne tangue contient de 45 à 48 pour 100 de carbonate de chaux.

Chaux.

Vous connaissez déjà les propriétés de la chaux. C'est encore un engrais stimulant qui, dans les terres argileuses et froides, ainsi que dans la majeure partie des terres siliceuses, réussit à merveille. La chaux active la fermentation et, plus que tout autre engrais, facilite la décomposition des parties animales et végétales qui se trouvent dans la terre. On peut l'employer pure, dans la proportion de 18 à 20 hectolitres (environ 10 barriques) par hectare; mais il est plus à propos de la mêler à d'autres substances auparavant, telles qu'à des vases d'étangs, mares ou rivières.

Le mélange le plus avantageux se fait dans la proportion de quatre barriques de terreau ou de vase et d'une barrique de chaux.

Un procédé fort utile, et dont je ne saurais trop vous recommander l'usage, est de lever les *chintres* ou *fourrières* des champs par l'écobuage, d'en former des sillons élevés d'environ 67 centimètres, en y mêlant de la chaux vive. Au bout de quelques jours, on rompt le sillon en brassant et en ameublissant le mélange, opération qui se fait à plusieurs reprises différentes. Lorsque le moment est venu de se servir de cette préparation, soit pour les ensemencements du printemps, soit pour répandre sur les prairies naturelles ou artificielles, on l'étend par couches minces, et bientôt on en voit les résultats étonnants. C'est alors un amendement terreux et calcaire. Dans ce cas, la proportion moyenne est de 2 hectolitres de chaux par chaque mètre cube de terre.

Je ne dois pas omettre de vous dire qu'une condition nécessaire à l'efficacité de la chaux est que la terre ne contienne pas une trop grande humidité. Son effet est presque nul dans les terres mouillées que l'on n'a pas eu la précaution de dessécher auparavant par des *siagnées* ou raies d'écoulement.

La chaux est de toutes les substances l'une de celles qui contribuent le plus puissamment au développement de la végétation. On la rencontre dans l'analyse chimique de presque tous les végétaux.

On a en fort peu de jours un excellent terreau par le procédé suivant : après avoir fait une couche d'herbages verts d'environ 33 centimètres de hauteur, vous mettrez 5 millimètres de chaux vive en poussière, sur laquelle vous placerez une seconde couche d'herbes. Vous alternerez ainsi vos couches de chaux et d'herbes jusqu'à la hauteur de 1^{m},33 à 1^{m},67. Les plantes les plus mauvaises, celles qui proviennent des sarclages faits dans vos champs de grains, conviennent pour former cet engrais, c'est même un très-bon moyen de les utiliser ; mais remarquez bien que votre terreau sera d'autant meilleur que la chaux sera plus nouvelle et les herbes plus fraîches.

On obtient encore les plus beaux résultats de l'emploi de la chaux éteinte avec des eaux de lessive, puis réduite en poudre, pour être semée sur les grains en faisant les ensemencements, ou sur les prairies et les trèfles, dans les proportions que je viens de vous indiquer. Le mélange de la chaux et des urines fournit aussi un bon engrais. On lui donne le nom d'*urate de chaux*. C'est un des plus énergiques que l'on connaisse.

En vous parlant des propriétés de la chaux, je dois vous en indiquer une qui pourra vous être utile, quoique ce soit étranger à ses qualités comme engrais :

Il arrive fréquemment que les papillons déposent sur les arbres une immense quantité d'œufs, qui, venant à éclore, donnent naissance à des milliers de chenilles, dont les feuilles deviennent la proie. Les arbres, privés ainsi de leur parure, plus utile encore que belle, languissent et meurent : pulvérisez de la chaux, et jetez cette poussière sur le feuillage, les chenilles disparaîtront, et vos arbres reprendront une nouvelle vigueur. L'eau de savon produit le même effet; je vous invite à ne pas négliger ces précautions.

La chaux est encore la base du préservatif le plus assuré contre *la carie* des blés, dont je vous parlerai dans une autre veillée.

Enfin, mes chers amis, la chaux peut entrer dans la combinaison de tous les engrais que je nomme *nourrissants*, parce qu'elle en favorise l'action; et, sous ce rapport, elle convient à presque tous les sols.

Cependant l'emploi de la chaux comme engrais n'est pas toujours sans inconvénients, et il pourrait être dangereux pour les récoltes de s'en servir constamment dans les champs livrés à une culture habituelle. Quelle que soit la manière dont on appliquera la chaux au sol, soit pure, soit mélangée, cette application ne doit avoir lieu qu'une fois dans l'espace de neuf années; mais la proportion doit être alors de 27 hectolitres par hectare, représentant une moyenne de 3 hectolitres par année et par hectare.

Cette proportion peut être beaucoup plus considérable dans les terres qui manquent de l'élément calcaire ou qui ne l'ont point encore reçu. Dans ce cas, on peut, sans inconvénient, diviser l'application de la chaux en trois époques, de trois années en trois années. C'est alors que l'emploi de la chaux devient un *amendement*, parce qu'elle tend à modifier la nature même du sol.

La chaux est de première nécessité, je dirais presque indispensable, dans les défrichements des landes et des bruyères. Les bruyères, les ajoncs, les joncs laissent dans le sol, par leur décomposition, une acidité qu'il importe de neutraliser. La chaux possède au plus haut degré la propriété de détruire l'effet de cette acidité: aussi ne doit-on pas craindre de l'employer abondamment dans cette circonstance.

Puisque l'amendement a pour but de modifier la nature du sol, la chaux destinée à produire cet effet doit être employée en quantité suffisante, autrement elle agirait simplement comme stimulant sur la végétation et ne constituerait pas une amélioration foncière. Aussi, dans quelques départements, sait-on établir une judicieuse distinction entre le *chaulage foncier* et le *chaulage d'assolement*. Le chaulage foncier consiste à donner au sol, tous les dix à douze ans, avant la semaille d'automne, quatre mètres cubes ou quarante hectolitres de chaux par hectare, et pour augmenter l'action en même temps que le volume des principes fertilisants, on mêle à la chaux une certaine quantité de cendres.

Peut-être me demanderez-vous, mes amis, à quels caractères vous pourrez reconnaître les terrains qui ont le plus besoin de recevoir l'amendement calcaire. Écoutez ce qu'a dit à ce sujet M. Puvis, agronome très-distingué du département de l'Ain : « Tout sol, dit-il, composé de débris granitiques, de schistes (pierres qui se divisent par feuilles comme l'ardoise), presque tous les sols sablo-argileux, ceux humides et froids, de ces immenses plateaux argilo-siliceux qui lient entre eux les bassins des grandes rivières; le terrain sur lequel la fougère, le petit ajonc, la bruyère, les petits carex blancs, le lichen blanchâtre viennent spontanément; presque tous les sols infectés d'avoine à chapelet, de chiendent, d'agrostis, d'oseille rouge, de matricaire; celui où l'on ne recueille que du seigle, des pommes de terre et du blé noir, où l'esparcette et la plupart des végétaux du commerce ne peuvent réussir, où cependant les bois de toutes les espèces et surtout les essences résineuses, le pin sylvestre, le pin maritime, le mélèze, le pin weimouth et les châtaigniers réussissent mieux que dans les meilleures terres; tous ces sols ne contiennent pas le principe calcaire, et tous les amendements où il se rencontre leur donneront les qualités et y feront naître les produits des sols calcaires. »

Dans quelques pays, on mélange la chaux avec les fumiers d'écurie; je crois beaucoup plus avantageux de faire succéder la chaux aux fumiers, après quelques mois d'intervalle, et d'alterner dans leur emploi. Cependant on obtient généralement de bons résultats d'un mélange de chaux, de terre et de fumier dans les proportions suivantes :

Chaux	2	hectolitres.	
Terre	10	id.	ou 1 mètre cube.
Fumier	10	id.	ou 1 mètre cube.

Pour donner à ce mélange toute sa qualité, on commence par mettre la chaux dans la terre destinée à former le *compost*. Huit à dix jours après, on brasse bien ce premier mélange ; on le brasse encore après un nouveau délai de dix jours. C'est alors seulement qu'il faut ajouter le fumier, en le mettant par couches. On laisse le tas ainsi préparé pendant quinze jours, et, au bout de ce temps, on brasse le tout de manière à rendre le mélange aussi complet que possible. La quantité à employer par hectare est de 7 à 8 mètres cubes.

Sablon calcaire ou castine.

Il y a quelques années, un cultivateur, qui a rendu les plus grands services à l'agriculture[1], a employé avec le plus grand succès le *sablon calcaire* pour l'amen-

1. M. de Lorgeril, ancien maire de Rennes.

dement de ses terres argileuses, sur lesquelles il produit le même effet que la chaux elle-même, mais dont il faut user beaucoup plus largement. La proportion est d'environ 500 hectolitres (50 mètres cubes) par hectare. Je tiens ces détails de ce savant agronome lui-même, qui a bien voulu me les communiquer pour que je vous les transmette, en vous engageant à faire usage de cette substance toutes les fois que vous pourrez être à portée de vous la procurer. C'est un amendement plutôt qu'un engrais.

On trouve, dans quelques localités, et notamment dans la baie de Morlaix, un sablon calcaire connu sous le nom de *marle*, qui possède également de grandes propriétés fertilisantes.

Plâtras et terre de démolition.

Les plâtras et la terre de démolition des vieux murs sont encore un engrais précieux dans les terres argileuses. J'entends par plâtras les débris de revêtissements intérieurs des murailles et des plafonds, soit en plâtre, soit en chaux. Ils agissent comme *nourrissants* et comme *stimulants*. Nous pouvons les classer parmi les engrais mixtes, ainsi que les terres de démolition qui contiennent du salpêtre ou du sel de nitre.

Cet engrais s'emploie sans indication de quantité. Quelque considérable qu'elle soit, elle ne peut jamais nuire, quand il est bien mêlé à la terre par un bon labour.

Phosphate de chaux fossile.

L'agriculture vient de s'enrichir d'une nouvelle découverte qui tend à augmenter la fertilité de nos terres. C'est le phosphate de chaux fossile. Je vous dirai combien le phosphate de chaux, contenu dans les os et formant la base du *noir animal*, est avantageux. Le phosphate de chaux fossile peut arriver au même degré de puissance, surtout quand on l'aura rendu complétement soluble, c'est-à-dire décomposable.

Dans tous les cas, j'appelle toute votre attention, mes amis, sur cette importante découverte[1].

Os broyés.

Les os broyés sont encore un engrais fort avantageux dans les terres argileuses. Ils peuvent être aussi classés parmi les engrais mixtes, parce qu'ils contiennent des parties nutritives en même temps qu'ils contribuent à diviser la terre. Pour les employer utilement, il faut les piler grossièrement dans une auge de pierre; les os agissent d'autant plus efficacement qu'ils sont plus réduits en poussière. Les os de toute espèce peuvent être utilisés ainsi. La proportion la plus convenable serait de 36 à 40 hectolitres par hectare. En brûlant les os, leur cendre fournit un bon engrais qui convient à tous les sols. Le charbon d'os sert à la clarification du sucre, et forme la base d'un autre engrais dont je vous parlerai bientôt, et que l'on nomme *noir animal*.

Suie.

Il est encore un engrais qui convient parfaitement aux terres argileuses, parce qu'en général ce sont les plus mouillées : c'est la *suie*. Chaque année, mes amis, vous faites ramoner les cheminées de vos maisons, et vous ne tirez aucun parti de la suie; vous la jetez dans quelque coin, la regardant comme inutile : vous avez

1. Voir la brochure de M. de Molon, rue d'Amsterdam, 39, à Paris.

le plus grand tort. Quelque petite que soit la quantité de suie que vous recueillez, semez-la sur les parties es plus mouillées de vos terres, elle produira un très-bon effet. Employée pure, il ne faut pas que la proportion dépasse 18 ou 20 hectolitres par hectare, parce que la suie contient beaucoup d'*ammoniaque*, substance âcre qui brûlerait si la quantité en était trop considérable. Pour éviter cet inconvénient, vous pouvez mélanger la suie avec trois ou quatre fois autant de terre ou de fumier d'étable, le tout mis en monceaux, pour ne vous en servir qu'au bout de quelques mois. Vous obtiendrez alors un excellent terreau pour les prairies où l'on voit croître beaucoup de joncs; cet engrais les fera disparaître, surtout si vous avez la précaution de dessécher vos prairies marécageuses, comme nous le verrons plus tard.

Je vous ai dit, en parlant des terres calcaires, que la suie leur est avantageuse par sa couleur noire; par suite de la même cause, la suie répandue sur la neige la fait fondre beaucoup plus promptement. Vous pouvez en faire l'essai l'hiver prochain.

Écailles d'huitres et coquillages.

Ceux d'entre vous qui se trouvent à portée des villes où se consomme une grande quantité d'huîtres et de divers coquillages, ne doivent pas négliger d'en recueillir les écailles pour les employer comme engrais dans les terres argileuses. Tous les coquillages de mer contiennent des parties calcaires et salées d'un effet avantageux. Les petits coquillages peuvent être répandus sur le sol tout entiers; les coquilles d'huîtres doivent être pilées comme les os. Leurs fragments aigus et tranchants offrent encore l'avantage d'écarter les limaces, qui, dans quelques contrées, font de grands ravages.

Plâtre.

Quoique le plâtre convienne à peu près à tous les sols, je crois devoir cependant, mes amis, vous en parler dès ici, parce qu'il réussit mieux dans les terres argileuses que dans celles qui renferment beaucoup de calcaire.

Le plâtre s'emploie ordinairement calciné ou *cuit* (cru il a moins d'action), qu'il ait ou non servi aux arts; mais il faut qu'il soit réduit en poussière. Choisissez, pour le répandre sur votre terre comme de la cendre, un temps humide et pluvieux, son effet se fera sentir plus tôt. C'est surtout pour les prairies naturelles et artificielles qu'il est avantageux, dans la proportion de 15 à 18 hectolitres par hectare. Le plâtre est surtout convenable pour les plantes dites *légumineuses*, telles que les trèfles, les luzernes, les jarosses, les sainfoins, etc., etc.

Longtemps on a douté de la propriété du plâtre comme engrais. Je vous raconterai à ce sujet une anecdote que l'on attribue à Franklin :

Cet homme savant, voulant démontrer l'avantage de l'emploi du plâtre, traça en grandes lettres, dans un de ses champs, ces mots, qu'il couvrit de cet engrais : EFFET DU PLÂTRE.

A quelque temps de là, il réunit un certain nombre de cultivateurs : la végétation, plus forte et plus belle dans les endroits où le plâtre avait été répandu, fit qu'ils lurent aisément et reconnurent la preuve de son efficacité.

La soirée est trop avancée, mes bons amis, pour que je puisse vous donner le détail de tous les engrais qui conviennent aux terres argileuses. Dans notre prochain entretien, je vous parlerai du noir animal, et je lèverai les scrupules de Baptiste en vous expliquant l'emploi des fumures vertes. Si le temps nous le permet, je démontrerai à Pierre qu'il avait tort de murmurer contre mon garçon, qui remplissait la barrique-arrosoir avec l'engrais liquide sortant de l'étable.

Baptiste fut un peu confus d'avoir été entendu par Jérôme, lorsqu'il avait traité sa conduite de folie. Ses camarades lui lancèrent quelques sarcasmes, qui lui furent moins sensibles que le reproche du bon paysan; il se promit bien d'être à l'avenir plus circonspect. Quant au vieux Pierre, il affecta un air d'incrédulité qui n'échappa pas à Jérôme. Celui-ci en sourit et souhaita le bonsoir à ses auditeurs, en les engageant à ne pas partager la prévention de leur vieil ami.

SIXIÈME ENTRETIEN.

SUITE DES ENGRAIS.

Noir animal. — Fumier de cheval et de mouton. — Parcage des moutons. — Fumures vertes.

Baptiste était arrivé des premiers, comme pour témoigner de son repentir de s'être exprimé si légèrement sur le compte de Jérôme. Il paraissait embarrassé. Jérôme, en passant près de lui, lui tendit la main en signe de réconciliation. Pierre, au contraire, avait vieilli dans la routine; il n'était pas aussi facile de le faire renoncer à ses anciens préjugés. Pierre s'était cru le premier cultivateur du canton, et voyait avec quelque peine la supériorité de Jérôme; et, comme bien des gens, il avait critiqué sa méthode sans la connaître. Jérôme tenait à le détromper, parce qu'il savait que son grand âge lui donnait beaucoup d'influence sur l'esprit des jeunes laboureurs.

Après avoir résumé en fort peu de mots ce qu'il avait dit dans le précédent entretien, il continua ainsi :

Noir animal.

Après l'opération du raffinage du sucre, opération pour laquelle on emploie le sang de bœuf et le charbon d'os, il reste une substance noire et d'une odeur désagréable, qui, desséchée, se réduit assez facilement en poussière. C'est à ce résidu que l'on a donné le nom de *noir animal.*

Le noir animal est un engrais précieux, lorsque la

fraude ne l'a pas dénaturé par le mélange avec des matières sinon nuisibles, au moins à peu près inutiles pour la végétation dans les proportions où elles sont employées.

Le mélange frauduleux est quelquefois si artistement fait, qu'il faut, pour le découvrir, tout le talent d'un habile chimiste. Comme il n'est pas nécessaire pour vous, mes amis, de connaître exactement de quelles substances on a fait usage pour frauder le noir, mais bien de discerner quel est celui auquel vous devez accorder votre confiance, je vais vous indiquer un moyen par lequel vous pouvez ordinairement reconnaître la fraude ; après cela, si vous êtes trompé, vous ne devrez vous en prendre qu'à vous-mêmes.

Nous venons de dire que le *véritable noir animal* est composé de charbon d'os[1], de sang de bœuf et de la partie colorante du sucre. Il faut ajouter que, dans les divers transports qu'il subit, il s'y joint toujours, mais en petite quantité, des matières étrangères aux trois premières substances ; on ne suppose pas qu'il y ait fraude, quand la proportion de ces matières n'excède pas un vingtième.

Voulez-vous éprouver votre noir ; prenez-en une petite quantité, soit par exemple 125 grammes ; mettez-le dans une cueiller de fer que vous soumettez à l'action d'un feu très-vif, comme celui d'une forge. La partie sucrée et le sang se brûlent et s'en vont en fumée; il ne reste plus que la cendre d'os si le noir est pur, et vous la reconnaissez à sa couleur d'un blanc grisâtre. Dans cet état, le noir a perdu environ un huitième de son poids s'il était sec, un quart et quelquefois deux cinquièmes s'il était humide.

1. Ce charbon n'est autre chose que du *phosphate de chaux*.

Je dois vous faire observer que la cendre d'os est graveleuse et rude comme du sable.

Si le noir est fraudé avec de la poussière de tourbe, la différence de pesanteur est au moins de moitié.

Si on y a mêlé de la pierre noire volcanique en poudre, le résidu ne devient pas gris, mais brun, et perd peu de sa pesanteur, excepté lorsqu'il est mouillé, ce qu'il faut toujours éviter pour faire l'essai.

Si la fraude consiste en terre de landes, la cendre prend une couleur rouge, la terre se forme en boulettes très-dures, une partie s'attache aux parois de la cueiller et forme une sorte de mortier[1].

N'achetez donc du *noir animal* que celui qui, après avoir été ainsi brûlé, vous donnera pour résidu de la *cendre d'os* ou *phosphate de chaux;* et, si vous le payez un peu plus cher, vous y trouverez encore de l'avantage par l'accroissement de fertilité qui sera la suite de son emploi.

Il existe une autre espèce de noir dont on se sert encore pour engrais, c'est le *noir animalisé.* Je suis loin, mes amis, de blâmer cet engrais dont la découverte peut rendre au pays des services de plus d'une nature; il a certainement quelque action fertilisante, et réussit même parfaitement dans quelques circonstances; mais son action n'est ni aussi puissante, ni aussi durable que celle du noir de raffinerie pur, ou *noir animal.* Du reste, lorsque vous achèterez du noir, défiez-vous de la dénomination de *noir d'engrais* dont quelques marchands se servent. Ce nom n'a été mis en usage que pour cacher la fraude et échapper à l'application des peines que la loi prononce contre ceux qui

1. Nous renvoyons à la fin de ce chapitre (p. 91) l'indication d'un nouveau procédé pour reconnaître la fraude, publié par MM. Moride et Bobierre, chimistes à Nantes.

trompent l'acheteur sur la nature de la marchandise qu'ils vendent.

On obtient des résultats très-avantageux d'un mélange de noir animal et de fumier, disposé comme celui de la chaux avec les mauvaises herbes vertes, dont nous avons parlé. Un hectolitre de noir suffit pour un fumier de quatre mètres carrés sur un mètre d'élévation. Ce mélange est surtout utile pour les ensemencements d'automne.

En vous disant que les divers engrais dont je vous ai parlé jusqu'à ce moment conviennent particulièrement aux terres argileuses, je ne prétends pas qu'on ne puisse les employer que pour ces terres, mais seulement qu'ils y réussiront mieux que dans les autres.

Ainsi, le noir animal convient principalement aux terres froides, argileuses, mouillées, et doit être employé alors dans la proportion de 4 à 5 hectolitres par hectare ; 3 à 4 hectolitres suffiront dans les terres légères, calcaires ou siliceuses; un hectolitre par journée de fauche (24 ares 31 centiares), semé sur les prairies au mois de mars, ou sur les trèfles, immédiatement après la coupe, produit un excellent effet. Lorsque vous emploierez le noir animal pour vos grains, semez-le sur la semence même aussitôt déposée en terre; mais, afin de le répandre plus également, ayez la précaution de le mêler à une quantité double de terre passée à la claie. Vous n'aurez qu'à vous applaudir d'avoir usé de ce moyen.

Comme Jérôme finissait ces mots, on s'aperçut que François désirait lui adresser une question. — Bien certainement, dit-il à Jérôme, vous nous avez fait connaître des engrais que nous ne soupçonnions pas avoir tant de propriétés; mais pourquoi ne nous avez-vous pas encore parlé des fumiers? Ce sont les engrais que nous employons le plus fréquemment, et que nous avons le plus de facilité à nous procurer; ils nous servent dans toutes nos terres; est-ce que vous ne les croyez pas avantageux dans les terres qui sont argileuses?

Un mouvement général d'assentiment accompagna cette question de François.

Jérôme se hâta de répondre : Patience, mon ami, cette question me fait plaisir, parce qu'elle me prouve que vous faites attention à ce que je vous dis. Oui, les fumiers conviennent aussi aux terres argileuses; mais leur action dans ces sortes de terres dépend beaucoup du degré de maturité auquel ils sont parvenus.

Fumier de cheval et de mouton.

Plus les fumiers sont pailleux et nouveaux, plus ils conviennent aux terres argileuses, parce qu'ils soutiennent les terres beaucoup plus que les fumiers consommés: ils sont alors nourrissants et divisants. Mettez à part pour les terres argileuses et froides les fumiers de moutons, parce qu'ils se rapprochent des premiers.

Le fumier de cheval est plus pailleux, plus léger et d'une fermentation plus prompte que celui d'étables de vaches ou de bœufs. Nous parlerons de ce dernier dans un autre entretien, comme étant, ainsi que celui de porc, plus propre aux terres calcaires et siliceuses.

C'est surtout dans la culture des céréales que vous devez employer les fumiers; ils sont, il faut le dire, une des ressources principales de la prospérité des cultivateurs : vous ne sauriez donc trop en multiplier la quantité. Rappelez-vous qu'ils sont un des meilleurs produits de vos bestiaux, produit qui augmente ou diminue en proportion de la nourriture que vous leur donnez, ainsi que je vous l'ai dit en parlant des jachères.

Mais quelle que soit la quantité de fumier que vous puissiez avoir, ne négligez pas les autres engrais. Chacun a ses propriétés particulières, qui toutes concourent à l'amélioration de l'agriculture et à l'augmentation de votre aisance, qui en est la conséquence.

Pour bien fumer un hectare de terre argileuse avec du fumier de cheval ou de mouton, il en faut environ 17 500 kilogrammes pesant, ou 26 ou 28 charretées. Vous pouvez, du reste, regarder comme certain que 22 kilogrammes de fumier suffisent pour obtenir 1 kilogramme 870 grammes de froment ou 2 litres 46 centilitres.

Parcage des moutons.

Dans quelques départements, on a l'habitude de fumer les terres en y faisant parquer des moutons. Il ne sera pas inutile de vous dire quelle est l'étendue qui peut être ainsi fumée par chaque animal. Suivant les observations faites avec le plus de soin, un mouton de taille moyenne peut dans une nuit fumer convenablement un mètre carré de terrain. Or, l'hectare présentant une surface de 10 000 mètres, il faudra un troupeau de mille moutons pour le fumer dans dix nuits, en leur faisant occuper dix ares ou mille mètres carrés à chaque fois.

Ce n'est pas seulement la fiente des moutons qui agit dans ce cas, c'est plus encore, peut-être, l'urine jointe à la laine qui se détache de leur toison, et aux émanations de leur corps.

Nous aurions dû réserver l'action du parcage des moutons pour les engrais applicables à tous les sols;

mais je n'ai pas voulu diviser ce que j'avais à vous dire sur le fumier produit par ces utiles animaux.

Maintenant, je vais vous dire pourquoi vous avez vu la charrue dans un de mes champs de trèfle, ce qui a excité à un si haut degré la mauvaise humeur de Baptiste.

Fumures vertes.

Je vous ai parlé, dans un de mes entretiens précédents, de l'effet produit par la couche de verdure qui s'est formée à la surface de vos terres laissées à repos ou *jachères ;* c'est précisément le même effet, mais dans un degré bien supérieur, que produit le trèfle enfoui en terre par le labour : ce que l'on nomme *fumure verte.*

L'usage d'enfouir le trèfle est déjà suivi dans une grande partie de la France, et donne les résultats les plus avantageux.

Mais cette plante n'est pas la seule que l'on puisse employer en vert comme engrais, ainsi que je vais vous l'expliquer. On pourrait, par exemple, tirer un grand avantage de la culture du sarrasin, ou blé noir, en l'enfouissant en fleur. Il en est de même du lupin qui croît dans les terres les plus médiocres, et que l'on cultive beaucoup dans le midi de la France, spécialement pour cet usage.

Pour obtenir des fumures vertes tout l'avantage que l'on a droit d'en attendre, il faut saisir le moment où les plantes contiennent le plus de sucs alimentaires, avant qu'elles soient parvenues à parfaite maturité. Plus la végétation des plantes que vous voulez enfouir est forte et belle, plus l'effet de l'engrais sera puissant.

Les fumures vertes seront d'autant plus avantageuses au cultivateur, qu'elles réuniront à un plus haut degré les conditions suivantes :

1° Que les plantes à enfouir seront du nombre de celles qui n'épuisent pas la terre, mais qui lui rendent presque autant qu'elles lui prennent. Ainsi, la plupart des céréales ne conviendront pas autant, sous ce rapport, que les légumineuses, les trèfles, les sainfoins, etc.;

2° Que leur croissance sera rapide. Les plantes dont l'accroissement est lent sont en général moins grasses et d'une décomposition plus difficile. Toutes les plantes dures et ligneuses ne sauraient donc convenir. J'en excepterai cependant les genêts et quelques ajoncs, qui, dans les terres argileuses, peuvent produire un bon effet;

3° Qu'elles seront abondantes. Quelques brins épars ne donneront aucun résultat; plus ils seront nombreux, plus il y aura de fermentation, et par conséquent d'action. La fumure verte agit encore sur la végétation en fournissant au sol un *humus* abondant, par la décomposition des végétaux enfouis. Voir page 59.

Par rapport à cette troisième condition, remarquez, mes chers amis, que, dans une terre usée, les fumures vertes réussiront moins que dans une terre encore riche, mais *effritée* par plusieurs récoltes de même nature, parce que, dans celle-ci, la végétation sera plus active et plus belle que dans les autres;

4° Enfin, la quatrième condition est que le prix de la graine des plantes destinées aux fumures vertes sera le moins élevé possible. Vous en comprenez bien la raison; c'est en agriculture surtout qu'il faut savoir régler ses dépenses avec économie. Les fumures vertes ayant pour but de fournir au cultivateur le moyen d'épargner ses autres engrais, qui devront être appliqués plus utilement ailleurs en même temps qu'il améliorera ses terres, ce but ne serait atteint qu'à moitié, si le prix des graines équivalait à celui des engrais que vous pourriez acheter; mais, dans ce dernier cas même, ne négligez pas les fumures vertes, parce que l'avantage que vous en retirerez sera toujours beaucoup au-dessus des dépenses qu'elles vous occasionneront.

Dans toutes les terres où le trèfle réussit bien, préférez-le aux autres plantes pour vos fumures vertes; et, à cette occasion, je vous donnerai un conseil : au lieu de conserver votre trèfle pour le couper pendant trois années, retournez-le au mois d'août de la seconde année, avant l'ensemencement du froment que vous devez semer sur ce labour même, après un simple hersage. C'est à cette époque que votre trèfle est le plus fourni, et cependant il vous a indemnisés assez largement de vos frais de culture par trois coupes, et quelquefois quatre, que vous avez obtenues.

Eh bien, Baptiste! dit alors Jérôme en se tournant vers lui, êtes-vous encore décidé à qualifier ma conduite de folie? C'est surtout lors de la prochaine récolte que j'espère vous convaincre des bons effets des fumures vertes. Une fumure verte équivaut, pour la richesse qu'elle apporte au sol, à 12 000 kilogrammes ou 16 mètres cubes de fumier par hectare, et représente une valeur en engrais d'au moins 48 fr.

Je regrette que l'heure trop avancée m'empêche de démontrer à mon vieil ami Pierre qu'il était aussi mal fondé dans ses reproches que Baptiste; mais ce sera pour la prochaine réunion.

Avant de nous séparer, je dois vous communiquer un nouveau procédé pour éprouver le noir de raffinerie, que MM. Moride et Bobierre ont fait connaître dans un ouvrage intitulé *Technologie des engrais*.

« On prend un gramme de noir qu'on mélange exactement avec cinq grammes de chlorate de potasse; on met le tout dans un creuset sur le feu en inclinant le creuset. Lorsque le noir brûle avec un léger scintillement, que la matière entre en fusion tranquille, rougit, se solidifie instantanément et laisse une cendre blanche, le noir est exempt de falsification. Si, au contraire, le mélange brûle avec violence, donnant lieu à beaucoup de fumée et rejetant les matières hors du creuset; si la cendre est noire ou rougeâtre ; si on remarque des résidus de scories ; si le noir brûle lentement et sans étincelles ; si la cendre a un aspect terreux ; si, en la versant dans l'eau, elle crépite comme un fer rouge, on est à peu près certain que le noir est falsifié, soit avec du charbon, de la tourbe, de la houille, des résidus de forge, des terres ou des schistes. »

SEPTIÈME ENTRETIEN.

SUITE DES ENGRAIS.

Vase ou limon. — Fumier d'étables de vaches, de bœufs et de porcs. — Préparation des fumiers. — Purin. — Saumure. — Sel. — Cendres et charrées. — Marganne ou poudrette. — Urate. — Tan. — Colombine. — Guano. — Sang des animaux. — Cadavres des animaux. — Chiffons de laine. — Boue des rues. — Paille, litière et feuilles sèches mises en contact avec les pieds des hommes et des animaux. — Eaux savonneuses et eaux de rouissage. — Observations sur le charlatanisme.

A peine les auditeurs de Jérôme furent-ils rassemblés, qu'il ouvrit la séance :

Déjà nous avons consacré deux veillées à l'explication de quelques engrais; et je crains, mes chers amis, de ne pouvoir terminer encore aujourd'hui cette importante matière. La base fondamentale de toute la science du labourage est la connaissance et surtout la judicieuse application des engrais. Je vous ai parlé de ceux qui conviennent particulièrement aux terres argileuses; d'autres doivent être employés spécialement dans les terres calcaires et siliceuses. Il en est enfin qui, dans tous les sols, produisent de merveilleux effets. Pour suivre l'ordre dans lequel nous avons commencé, je dois vous parler d'abord des engrais propres aux terres calcaires et siliceuses. Presque tous ceux que l'on peut employer utilement pour l'une de ces deux classes conviennent également à l'autre, parce qu'elles ont entre elles des rapports qui n'existent pas avec les terres argileuses. Vous vous souvenez qu'en vous parlant des terres calcaires et siliceuses, je vous ai dit que, trop légères de leur nature, elles avaient besoin qu'on leur donnât de la consistance, tandis que les terres argileuses avaient, au contraire, besoin d'être divisées. Cherchons donc parmi les engrais quels sont ceux qui peuvent donner aux terres calcaires et siliceuses ce lien, cette consistance qui leur est nécessaire.

Vase ou limon.

La vase des étangs, mares ou rivières possède à un haut degré cette qualité, parce qu'elle est par elle-même très-compacte. Cette vase, que l'on nomme aussi *terreau* ou *terrier*, réussira d'autant mieux dans les terres siliceuses surtout, que vous l'aurez mélangée avec une certaine quantité de chaux vive.

Nous avons dit, en parlant de la chaux (p. 73), que la proportion qui paraît être la plus convenable est un cinquième de chaux mêlée à quatre cinquièmes de vase ou de terreau.

La vase ne peut être employée aussitôt extraite des étangs, mares ou rivières ; il est nécessaire de la mettre en monceaux, en forme de sillons élevés, pendant quatre ou cinq mois, en ayant soin de casser plusieurs fois les mottes avec la houe. Sans cette précaution, elle devient extrêmement dure et perd beaucoup de ses qualités. Il ne faut pas attendre plus d'une année avant de s'en servir. C'est un engrais *nourrissant.*

La vase des eaux mortes et stagnantes est préférable à celle des eaux courantes, surtout dans les pays où l'on cultive en grand le chanvre et le lin, à cause de la grande quantité de parties végétales qui se détachent par le rouissage et tombent au fond de l'eau. C'est un des meilleurs engrais que l'on puisse employer pour les prairies.

Fumier d'étables de vaches, de bœufs et de porcs.

Je vous ai déjà parlé de la différence qui existe entre les divers fumiers. Si les fumiers pailleux et nouveaux conviennent mieux aux terres argileuses, les fumiers gras et bien conservés sont plus propres à fertiliser les terres calcaires et siliceuses. De ce nombre sont les fumiers d'étables de vaches et de bœufs, ainsi que ceux des porcs. Ils sont plus froids, plus pesants, plus mucilagineux que ceux des écuries, et ont par cela même la propriété de conserver davantage l'humidité et de donner à la terre plus de consistance.

Il résulte de cette différence entre les fumiers que, dans une exploitation bien conduite, on ne doit pas les mélanger tous ensemble, comme cela se fait habituellement. Chaque espèce doit être mise à part pour être appliquée à la terre à laquelle elle convient le mieux; mais cela ne peut avoir lieu cependant que dans les grandes fermes, où l'on nourrit beaucoup de chevaux et de vaches. Dans celles d'une petite étendue où l'on a peu de bestiaux, il suffit de faire la distinction entre les fumiers consommés et mûrs que vous mettrez dans les terres légères, et les fumiers nouveaux que vous emploierez dans les terres fortes et mouillées.

Ne perdez jamais de vue, dans la distribution de vos engrais, mes chers amis, que tous ceux qui tendent par leur nature à diviser la terre, à la soulever, à la rendre plus légère, doivent servir aux terres argileuses, fortes et compactes ; tandis que ceux qui peuvent contribuer à conserver l'humidité et à lier la terre, si je peux parler ainsi, doivent être réservés pour les terres calcaires et siliceuses, que l'on nomme ordinairement *terres légères*.

Préparation des fumiers.

Permettez-moi, mes amis, de vous dire quelque mots sur la formation des fumiers : l'usage adopté généralement de déposer les fumiers en tas dans les cours de la ferme est tout à fait vicieux, sous plus d'un rapport. D'abord relativement à la salubrité des habitations, vous comprenez combien ils peuvent occasionner de maladies, soit aux habitants de la ferme, soit aux bestiaux, tant par les émanations continuelles qui s'en échappent, que par l'écoulement qui se fait de la partie liquide, et qui communique avec les puits ou avec les mares qui servent d'abreuvoirs habituels à tous les animaux. En second lieu, tout le liquide qui sort des fumiers et forme la portion la plus énergique et la meilleure de l'engrais, ainsi que nous le verrons bientôt, est presque toujours perdu pour le cultivateur et va souvent fertiliser les champs du voisin au détriment de ceux de la ferme. En troisième lieu, les fumiers se dessèchent, et par cela même perdent de leur qualité. Pour éviter cette dessiccation des fumiers, quelques agriculteurs les placent dans des fosses murées; ils tombent, à mon avis, dans un excès contraire et peut-être pire encore que les premiers : trop d'humidité s'oppose à la fermentation nécessaire pour la décomposition des substances végétales qui entrent dans la formation des fumiers. Voici, mes amis, la méthode que je vous propose, et que je regarde comme la meilleure : placez vos tas de fumier dans les champs auxquels ils seront destinés. L'emplacement sur lequel ils auront été déposés s'en ressentira pendant plusieurs années; creusez auprès de chaque tas une fosse pour recevoir l'égout du purin; arrosez souvent vos fumiers avec ce purin pour les entretenir dans un état convenable d'humidité, et transportez sur vos prairies l'excédant du liquide qui ne servira pas à cet arrosement : couvrez vos fumiers d'une légère couche de terre qui aura pour effet de préserver de l'ardeur du soleil, et, en s'imbibant du purin, augmentera encore la quantité de vos engrais.

Un agriculteur du Pas-de-Calais recommande de temps à autre une légère couche de terre argileuse dans les étables pour fixer les gaz d'ammoniac qui se dégagent et sont perdus pour l'agriculture. Cette méthode peut être avantageuse et tend à augmenter la masse et l'énergie des engrais.

Après vous avoir expliqué quels engrais conviennent spécialement aux diverses classes de terre, il en est d'autres qui conviennent indifféremment à tous les sols, et dont nous allons nous occuper. Comme je vois votre impatience de connaître la réponse aux observations de Pierre, que je vous ai promise aujourd'hui, c'est par là que je vais commencer.

Purin.

Vous savez tous combien les prairies qui, par la pente naturelle du terrain, reçoivent l'égout de la ferme, sont meilleures que celles qui sont privées de cet avantage. Cette remarque m'a conduit à faire le raisonnement suivant : La végétation est plus belle, et les produits sont plus abondants dans ces prairies, parce qu'elles sont engraissées par le liquide qui s'échappe des fumiers et qui leur arrive conduit par les eaux ; mais, avant que les prairies reçoivent cet engrais, quelle quantité n'est pas perdue ! Tout le sol intermédiaire entre les cours et la prairie en retient sa bonne part, dont je ne profite pas. J'ai cherché alors le moyen de recueillir ce précieux engrais pour le conduire ensuite dans les lieux où il serait le plus nécessaire, par exemple sur les parties les plus élevées de mes prairies, où il ne venait que de la mousse; bientôt ces endroits sont devenus les meilleurs. Je sais que, dans la Suisse, on recueille avec soin le *purin*, c'est le nom que l'on donne à cet engrais, et les divers essais que j'en ai faits m'ont convaincu de son efficacité, surtout lorsque j'y ai ajouté un kilogramme de *couperose verte*[1] par barrique pour fixer les gaz propres à la végétation, qui, sans cela, se dégagent et répandent dans l'air une mauvaise odeur.

Avouons-le, mes amis; lorsque nous nous plaignons du défaut d'engrais, nous le devons souvent plus à notre négligence qu'à l'ignorance où nous sommes.

Rien de plus avantageux et cependant de moins dispendieux que de recueillir le purin. Il n'est pas un cultivateur, quelque pauvre qu'il soit, qui ne puisse en profiter sans qu'il lui en coûte rien. Il suffit de creuser en terre, dans la partie la plus basse près de l'étable, une fosse plus ou moins profonde, dans laquelle s'écoule le liquide du fumier, qu'au bout de trois ou quatre jours on peut transporter, après l'avoir mélangé avec une quantité égale d'eau au printemps ou pendant l'été, et pur dans l'hiver.

Si vous avez beaucoup de bestiaux, votre fosse devra être plus grande; douze vaches et souvent huit doivent rendre environ une barrique de purin en deux jours, ce qui ferait une barrique d'engrais par jour à porter dans vos champs ou vos prairies, puisque, comme je viens de vous le dire, on y mêle la moitié

1. Sulfate de fer.

d'eau. Au lieu d'une fosse vous ferez beaucoup mieux encore de placer en terre un tonneau défoncé dans la partie supérieure qui affleurera avec le sol. Un conduit pratiqué dans votre étable recevra le purin et le dirigera dans le tonneau ou réservoir. Lorsque vous aurez ajouté la quantité d'eau nécessaire, vous vous servirez, pour le transporter, d'une barrique à laquelle sera placé un robinet ou simplement un tuyau en bois, correspondant à un autre tuyau faisant avec le premier la forme d'un T. Le dernier sera percé de plusieurs trous dans toute sa longueur, pour répandre le purin sur une plus grande surface.

Cet engrais ne brûlera pas, comme le craignait Pierre, parce que vous l'aurez mélangé, comme je vous l'ai dit, et qu'entrant très-promptement en état de fermentation, cette fermentation ne dure que fort peu de temps et fait perdre au purin sa propriété corrosive.

Le conduit que vous aurez fait dans votre étable, recouvert avec de mauvaises planches, aura en outre l'avantage de la rendre plus saine, et le fumier ne perdra rien de ses qualités, puisqu'il faut toujours que le liquide s'écoule. Quoique bien convaincu que l'emploi du purin par arrosement soit le plus avantageux, vous pouvez en tirer parti d'une autre manière encore. Ce procédé consiste à mettre quelques charretées de terre dans votre étable chaque jour, comme le pratiquent peut-être à tort quelques cultivateurs. Cette terre, imprégnée de purin, fait un excellent terreau, qui accroît de beaucoup la masse de vos engrais.

Ne négligez donc pas, mes amis, ce moyen d'augmenter la fertilité de vos terres : l'effet du purin se fait longtemps sentir; la terre qui en a été arrosée s'améliore considérablement, ainsi que vous pourrez en juger vous-mêmes. Douze vaches fournissent assez de purin pour fumer suffisamment chaque année plus d'un hectare (environ deux journaux) de prairies naturelles ou artificielles. Je ne saurais trop vous engager à en faire usage, comme je viens de vous l'indiquer. Cet avis, mes chers amis, est peut-être un des plus utiles que je puisse vous donner et dont vous me saurez le plus de gré, quand vous en aurez fait l'expérience.

Pierre avait écouté Jérôme avec la plus grande attention. « Ah! voisin, s'écria-t-il, j'avoue que l'idée d'utiliser ainsi le liquide de mes étables ne m'était pas venue, tout vieux que je suis, et pour vous prouver combien j'approuve aujourd'hui ce que je blâmais l'autre jour, dès demain matin votre exemple sera imité chez moi. N'aurais-je appris que cela pendant nos entretiens, je serais content.

— Bien, mon vieux camarade, lui répondit Jérôme, votre approbation me fait plus de plaisir que quoi que ce soit. C'est à nous de donner l'exemple des améliorations; secondé par vous, j'espère démontrer à ces jeunes gens les inconvénients de la routine, et l'agriculture fera parmi nous des progrès. » Le ton d'enthousiasme avec lequel Jérôme prononça ces paroles fit une forte impression sur son auditoire, qui partageait l'émotion du bon cultivateur.

La séance fut un instant suspendue; bientôt Jérôme reprit :

Saumure.

Il y a des cultivateurs qui jettent la saumure de leurs charniers comme chose inutile : c'est à tort; il faut avoir soin d'en arroser les fumiers, elle en rendra l'emploi plus efficace.

Sel.

On a contesté longtemps au sel sa propriété fertilisante, et même, je vous le dirai en passant, on a qualifié d'*erreur grave* ce que j'avais cru devoir vous enseigner à ce sujet, il y a quelques années. Non, mes amis, ce n'est point une erreur; seulement, l'emploi du sel ne donne pas partout les mêmes résultats. L'application du sel comme engrais exige une étude particulière du sol et du climat; toutefois il peut être toujours utile quand on l'emploie mélangé avec d'autres matières et spécialement avec des fumiers. En trop grande quantité, il serait nuisible; en trop petite quantité, il ne produirait pas d'effet. Faites-en usage de préférence dans les terres légères qui, comme je vous l'ai dit, laissent trop promptement évaporer l'eau nécessaire aux plantes; le sel a la propriété de leur conserver la fraîcheur en attirant l'humidité de l'air dont les racines des végétaux s'emparent alors pour former la séve. Il y a près de trois cents ans que l'on a reconnu au sel les qualités qui le rendent utile à l'agriculture; depuis cette époque, il a été fait bien des expériences, et l'on peut constater aujourd'hui les résultats suivants:

1° Emploi du sel dans un sol naturellement humide: — Résultat nul;

2° Emploi du sel dans un sol ordinairement sec, mais soumis à une température habituellement ou accidentellement humide : — Résultat incomplet et proportionné à l'état de l'atmosphère;

3° Emploi du sel dans une terre argileuse sur un sous-sol sablonneux et conservant peu d'humidité, avec une température sèche : — Résultat complet et admirable, quant au développement des végétaux;

4° Emploi du sel dans une terre calcaire ou siliceuse sur un sous-sol argileux et impénétrable à l'eau, avec une température humide : — Résultat très-incomplet et souvent nul ;

5° Emploi du sel dans une terre calcaire ou siliceuse, sur un sous-sol que l'eau pénètre aisément, avec une température sèche : — Résultat très-satisfaisant ;

6° Emploi du sel dans une terre appauvrie et dépourvue d'humus végétal et animal : — Résultat presque nul.

Je vous engage, mes amis, à faire bien attention aux circonstances dans lesquelles le sel doit exercer une utile influence sur vos cultures, car bien des gens ont nié l'efficacité du sel, précisément parce qu'ils l'avaient employé sans discernement, et dans des conditions qui étaient peu favorables à son action.

Voici maintenant les proportions que vous pourrez adopter par hectare :

75 kilogrammes, mêlés exactement à 12 000 kilogrammes de bon fumier, suffiront dans les terres riches en humus.

150 kilogrammes, mêlés à 18 000 kilogrammes de fumier, feront un engrais très-puissant dans les terres fortes.

200 kilogrammes mêlés à 2000 kilogrammes de terre passée à la claie produiront des effets merveilleux dans les terrains calcaires ou siliceux, avec une température sèche. Ce dernier mélange devra être préparé trois mois avant d'en faire usage, laissé à l'air, mais à l'abri de la pluie, et plusieurs fois retourné. 2 hectolitres de chaux ajoutés à ce mélange en augmenteront encore beaucoup la puissance.

Enfin, 300 kilogrammes de sel répandu sur le sol ensemencé en froment, après le râtelage de printemps, forment la meilleure proportion pour l'emploi du sel pur.

Cendres et charrées.

La cendre est encore un engrais dont vous connaissez les propriétés. On emploie rarement comme engrais les cendres de bois avant de les avoir fait servir aux lessives. Elles ne perdent rien de leur qualité par cette opération ; souvent même elles sont préférables, à cause des autres substances qui viennent se joindre aux sels que les cendres contiennent. Mais on emploie sans préparation les cendres des mauvaises herbes que l'on a brûlées ; elles ne seraient pas propres au blanchissage, parce qu'elles sont mélangées d'une assez grande quantité de terre. La charrée, ou cendre lessivée, s'emploie comme la cendre pure ; on la répand sur le sol par un temps calme et humide. Elle convient en général à toutes les terres et à toutes les cultures; cependant l'effet de la cendre se fait mieux sentir sur les prairies et les trèfles que sur les céréales. On s'en sert néanmoins avec avantage pour le sarrasin ou blé noir. Les bonnes cendres ou charrées vendues par le commerce doivent contenir de 45 à 48 pour 100 de carbonate de chaux, et la proportion de sable ne doit pas excéder 25 pour 100. Dans les bois nouvellement défrichés, la cendre produit un effet quelquefois supérieur à celui de la chaux. Dans beaucoup de pays, on est dans l'usage de lever des mottes de gazon pour les brûler ensuite, ce que l'on nomme *écobuage*.

Quelques auteurs ont beaucoup blâmé la méthode de l'écobuage, que d'autres ont louée outre mesure. Les uns et les autres ont eu tort : l'écobuage présente des avautages dans les sols argileux, profonds, et surtout dans ceux qui sont marécageux; mais il est généralement très-nuisible dans les terrains sablonneux et légers. L'écobuage convient surtout dans les défrichements de marais tourbeux. (Voir page 57.)

L'écobuage ne doit être répété qu'à des intervalles très-éloignés, si on ne veut pas nuire à sa terre, surtout lorsque le sol a par lui-même peu d'épaisseur.

Lorsqu'on veut convertir des landes en bois, quelques cultivateurs ont conseillé de mettre le feu aux produits de la lande tenant encore par racines. C'est une fort bonne chose, mais qui peut avoir de très-grands inconvénients, et que je ne vous conseillerai pas, dans la crainte qu'après avoir ainsi allumé un vaste incendie, vous ne puissiez en arrêter les ravages aux limites de la lande dont vous voulez faire un bois. La perte pourrait être beaucoup plus considérable que le bénéfice retiré d'un semblable moyen d'amélioration.

Les meilleures cendres pour l'agriculture sont celles provenant des plantes marines, telles que le *varech*, le *goëmon*, etc. Ces plantes contiennent des sels de soude, et nous verrons, en parlant des céréales, que cette substance est précieuse comme préservatif contre la carie, unie à l'emploi de la chaux et à l'état de *sulfate*, c'est-à-dire combinée avec l'acide sulfurique.

La quantité de cendres que vous devez employer est indéterminée ; elles ne peuvent jamais nuire. Ne craignez donc pas d'en répandre sur le sol. On peut considérer la cendre comme un engrais tout à la fois nourrissant et excitant. C'est au printemps, lorsque la végétation commence à se développer, qu'il est à propos de s'en servir.

Marganne ou poudrette.

Les matières fécales, que l'on nomme aussi marganne ou gadoue, sont un engrais qui possède de grandes propriétés fertilisantes. On emploie ordinairement la marganne desséchée et réduite en poussière; elle prend alors le nom de *poudrette*. Cet engrais, dans la classe de ceux que j'ai nommés *nourrissants*, convient, comme la cendre, à tous les terrains et à toutes les cultures. Cependant la différence des sols fait que l'on doit en varier la quantité. Pour employer utilement les matières fécales, si précieuses pour l'agriculture, il importe de les désinfecter. Cette opération est très-facile : il suffit de jeter de temps en temps dans la fosse d'aisances soit de la poudre de charbon de bois, soit un kilogramme environ de *sulfate de fer* ou couperose verte, substance d'un prix peu élevé qu'on trouve chez tous les droguistes, dans les villes.

Il est déplorable de voir, dans la plupart des fermes, ces matières déposées çà et là dans les jardins. C'est un aspect dégoûtant en même temps que c'est une perte énorme pour le cultivateur. Les déjections de cinq personnes, dans le cours d'une année, suffiraient pour fournir l'engrais nécessaire à plus d'un hectare.

Répandez cet engrais sur le sol immédiatement après les semences, dans la proportion de 12 à 15 hectolitres par hectare dans les terres calcaires et siliceuses, et 18 à 20 hectolitres pour les terres argileuses.

La partie liquide qui se trouve dans les fosses-mortes a les mêmes propriétés que le purin et s'emploie de la même manière[1]. Il y a des pays où cet engrais a une très-grande valeur ; on le préfère à tous les autres. On attribue en partie à l'usage qu'on en fait les belles récoltes de chanvre de quelques-uns de nos départements. Il est alors connu sous le nom d'*engrais flamand*.

L'engrais produit par les matières fécales, soit solide et réduit en poussière, soit liquide, a une action très-

1. Voir à la page 99.

prompte, mais de peu de durée. Aussi convient-il particulièrement pour les ensemencements de printemps.

Urate.

On fabrique encore avec l'urine un autre engrais très-estimé que l'on nomme *urate*. C'est un amalgame d'urine et de plâtre, dont on fait une pâte que l'on réduit ensuite en poudre. On l'emploie comme le plâtre, dont je vous ai déjà parlé. L'urate est plus actif que le plâtre seul, et convient, comme lui, aux prairies artificielles.

Je viens de vous dire que la marganne desséchée et réduite en poussière porte le nom de *poudrette*. Dans les villes, quelques gens font de cette matière un objet de spéculation. Sans vouloir porter atteinte à ce genre d'industrie, je dois vous faire connaître une fraude dont beaucoup de cultivateurs sont dupes.

Tan.

La majeure partie de la poudrette que l'on tire des villes est mélangée d'une grande quantité de tan et de terre. Le tan ou débris d'écorces de chêne qui ont servi à la fabrication des cuirs, n'a d'action fertilisante que par l'adjonction des parties animales qui s'y trouvent mêlées. Pour être employé comme engrais et produire quelque effet, il faut le laisser pourrir en monceaux, jusqu'à ce qu'il soit, pour ainsi dire, converti en terreau. Il convient alors pour les plantations plus encore que pour la culture. Celui que l'on mêle à la poudrette est ordinairement nouveau et, par conséquent, presque nul comme engrais. Le cultivateur qui achète de la poudrette, la croyant pure, s'expose à perdre sa récolte faute d'une quantité suffisante d'engrais. Mêlée de tan et de terre brune, il en faut au moins le double; encore n'est-on pas sûr que ce soit assez. Le commerce, comme l'agriculture, a intérêt à ce qu'on mette fin à cette fraude que l'on ne s'aurait trop blâmer.

Colombine.

La colombine, ou fiente de pigeons et de poules, est un engrais extrêmement actif, que l'on emploie particulièrement pour les plantes qui ont besoin d'une végétation prompte et vigoureuse. Il conviendrait plutôt au jardinage qu'à la grande culture, parce qu'il est difficile de s'en procurer une quantité assez considérable. Gardez-vous bien cependant de négliger cet engrais, vous en tirerez un parti avantageux pour vos semis de colza, de betteraves-disettes, et en général pour toutes les plantes repiquées.

Un habitant de Nantes (M. Renard) emploie depuis quelques années, avec un succès constant, pour la culture de la vigne, la fiente de canards. Après l'avoir mélangée avec de la terre quelque temps à l'avance, il dépose cet engrais au pied des ceps, dont il dégarnit légèrement les racines. La quantité de raisin obtenue par M. Renard chaque année a été prodigieuse, et sa vigne a conservé une vigueur remarquable. Nous avons constaté qu'elle a en même temps été préservée de la terrible maladie de l'oïdium. Je vous conseille, mes amis, de faire l'essai de ce procédé.

Guano.

Il y a quelques années, on a découvert dans les îles de l'océan Pacifique et sur les côtes du Pérou des monceaux considérables de déjections d'oiseaux qui se nourrissent particulièrement de poissons de mer. Cet engrais, auquel on a donné le nom de *guano* ou *huano*, est un des meilleurs connus. Il a été importé en Europe par les Anglais.

Si le sel, dont je vous parlais il y a un instant, convient plus spécialement aux terrains secs et lorsque l'atmosphère est peu chargée d'humidité, le guano, au contraire, donne de meilleurs résultats dans les sols humides ou soumis à une température qui l'est également. Voilà encore une preuve, mes amis, de la nécessité d'un bon choix et d'une application judicieuse et raisonnée des engrais.

Les effets du guano sur la végétation sont parfois extraordinaires, et nous avons vu quelques exemples de récoltes qui ont atteint presque le double de ce qu'elles étaient ordinairement dans le même terrain avant cette découverte. Mais il faut y prendre garde : des spéculateurs ont trouvé sur les côtes d'Afrique une substance qui ressemble beaucoup au guano des mers du Sud sans en avoir les qualités. Ce guano est bien également formé par les déjections de quelques oiseaux, mais sa composition chimique est très-différente. Ainsi, en vous parlant du guano, c'est à celui du Pérou et des mers du Sud seulement que mes paroles s'appliquent.

La quantité de guano la plus convenable par hectare varie entre 400 et 600 kilogrammes. On l'emploie, comme le noir animal, en le répandant sur la semence pour les grains, et sur l'herbe pour les prairies, au commencement du printemps. On obtient encore de très-bons résultats d'un arrosement dans lequel on fait entrer un kilogramme de guano par 3 hectolitres d'eau.

L'action du guano se fait sentir pendant deux années.

Sang des animaux.

Peu de cultivateurs connaissent la valeur du sang des animaux comme engrais. On ne l'emploie guère en France que sous une forme empruntée et après avoir servi aux arts. Vous vous souvenez que le sang de bœuf entre dans la composition du noir animal. Presque partout le sang des animaux est perdu pour l'agriculture. Un cultivateur qui recueillerait le sang des boucheries les plus voisines de son exploitation, sang qui répand une odeur désagréable et insalubre, y trouverait une source féconde de fertilité en même temps qu'il rendrait service à ses concitoyens. Dans quelques pays, et notamment en Belgique, on fait promener dans les champs les chevaux destinés à être abattus, après leur avoir ouvert les veines. Cette méthode produit les résultats les plus avantageux. Le sang employé liquide est préférable à celui que l'on répand sur le sol après l'avoir desséché et réduit en poussière. Peut-être cependant devez-vous adopter ce dernier moyen, à cause de la facilité du transport sur les terres auxquelles vous voudrez appliquer cet engrais, qui convient à tous les sols. C'est un engrais nourrissant.

Cadavres des animaux.

Comme vous le voyez, mes amis, en agriculture, tout est utile quand on sait l'employer. Si les os font un bon engrais pour les terres argileuses, et le sang pour tous les sols, les chairs conviennent également. Je connais un cultivateur qui paye à tant par tête les chevaux qu'un écorcheur va tuer dans ses champs. Pour chaque cheval il fait creuser une fosse profonde, dans laquelle on le jette après l'avoir coupé par morceaux ; il place dans le fond de la fosse une bonne couche de bruyère, d'ajonc ou de fougère, ajoute à tout cela un hectolitre de chaux vive et recouvre de terre. Au bout de quelques mois, il retire les os pour les brûler ou les employer dans les terres argileuses ; le reste est converti en terreau d'une excellente qualité. Par cette méthode, il a fertilisé une terre médiocre et presque inculte.

Il n'est pas jusqu'aux rognures des cornes, aux débris de cuirs et de toisons, aux sabots de chevaux que l'on ne puisse utiliser pour augmenter la masse des engrais.

Chiffons de laine.

Les chiffons de laine produisent des effets quelquefois extraordinaires dans la culture des pommes de terre. On peut les employer en les déposant sans préparations sur la pomme de terre même, au moment de l'ensemencement, ou en leur faisant subir un commencement de décomposition dans du fumier. Il est important alors que le fumier soit maintenu constamment humide. La proportion est de 400 kilogrammes de chiffons de laine par hectare. Leur effet se fait sentir pendant deux années au moins. Un cultivateur soigneux ne doit rien perdre.

Boue des rues.

Le voisinage des bourgs et des villes donne encore la facilité de se procurer un fort bon engrais : je veux parler des boues. La boue des rues dans les villes est l'amas des balayures des divers ménages et des ordures qui, s'attachant aux pieds, sont transportées sur les pavés et se mêlent à la poussière et aux déjections des animaux. Les divers éléments dont se compose cet engrais fermentent ensemble et lui donnent une propriété très-fertilisante. Il convient surtout pour les prairies et les plantes sarclées, parce qu'il contient beaucoup de graines dont les germes ne nuisent pas aux foins, et que l'on détruit par les buttages.

Paille, litière et feuilles sèches mises en contact avec les pieds des hommes et des animaux.

On a reconnu, il y a longtemps, que les végétaux *stratifiés*, c'est-à-dire jetés dans les lieux passagers pour être soumis au contact des pieds, formaient un assez bon engrais, surtout quand il était mélangé avec du fumier. Les feuilles sèches, les fougères, les ajoncs, les bruyères, placés ainsi, augmentent considérablement la somme des engrais, et acquièrent par là un haut degré d'utilité. Cet usage est fort ancien, et quelques jurisconsultes lui ont appliqué l'interprétation des mots *droit de foule*, que l'on rencontre parfois dans de vieux titres. Ce droit, disent-ils, n'est autre que celui de déposer ou de stratifier des substances végétales sur partie de la propriété de son voisin, pour être foulées aux pieds et changées en engrais par ce moyen.

Il me reste, mes chers amis, à vous parler, en terminant cette veillée, que nous avons déjà prolongée plus tard que de coutume, de quelques engrais dont l'emploi aurait un double but d'utilité; ce sont les eaux savonneuses et celles qui ont servi au rouissage des chanvres et des lins.

Eaux savonneuses et eaux de rouissage.

Recueillir un profit certain en même temps que l'on contribue au bien-être de ses concitoyens, c'est travailler à se rendre doublement heureux. Tel est le but auquel vous parviendrez, si vous savez profiter de ces engrais.

Les eaux savonneuses, les eaux de lessive et celles qui ont servi au rouissage, contiennent des alcalis et des parties végétales en dissolution qui leur donnent une action fertilisante très-prononcée. Elles ne conviennent, à proprement parler, qu'aux prairies, pour lesquelles elles sont un précieux engrais. Il s'échappe des réservoirs où elles croupissent une odeur désagréable et des miasmes qui se répandent dans l'air, le corrompent et sont une des causes principales des épidémies qui se manifestent chaque année dans les campagnes. Le désir d'assainir votre pays, autant que votre propre intérêt, doit vous porter, mes chers amis, à écouler ces réservoirs, pour en diriger les eaux sur vos prairies. Vous acquerrez des droits à la reconnaissance publique, et vous augmenterez vos récoltes de foin.

Il est temps de terminer cette veillée. Réfléchissez aux divers sujets qui nous ont occupés : ils méritent toute votre attention. Je vous l'ai déjà dit, les engrais sont la base de toute l'agriculture ; on peut la perfectionner, la rendre plus facile, plus profitable, mais on ne parviendra jamais à se dispenser de l'emploi des engrais. Appliquez-vous donc à les mettre en rapport avec les différentes espèces de terres ; ne négligez aucun moyen propre à en augmenter la masse ; profitez des moindres circonstances, ce seront quelquefois celles dont vous aurez le plus lieu d'être contents.

Observations sur le charlatanisme.

Indépendamment des engrais que le cultivateur peut se procurer sur son exploitation, on trouve dans le commerce de nombreuses substances soit simples, soit combinées, que l'on vend pour suppléer au défaut des autres engrais. Quelques-unes ont des qualités précieuses ; d'autres sont tout au moins inutiles, quand elles ne sont point nuisibles. Je ne puis vous indiquer celles qu'on doit préférer ; car, trop souvent, sous la même dénomination, on vend des matières qui diffèrent complétement les unes des autres. A ce sujet, permettez-moi, mes amis, de vous dire ce que je pense de ces brillantes annonces d'engrais merveilleux que l'on répand avec profusion dans les campagnes : c'est un charlatanisme déplorable, qui tend à vous ruiner si vous vous y laissez prendre. La plus grande partie de ces prétendus engrais n'a de valeur que pour le spéculateur qui les vend. Le cultivateur, séduit par les belles promesses d'un engrais à bon marché, et dont une très-minime quantité doit suffire pour obtenir des récoltes très-abondantes, achète et perd à la fois son argent, son temps, et la valeur locative de sa terre, qui ne lui rapporte rien. C'est une honte pour notre époque de voir certains hommes exploiter la crédulité des cultivateurs comme ils le font, et les tromper aussi grossièrement. La tromperie dans les engrais est, à mes yeux, un vol que la loi devrait punir sévèrement. On dit : le cultivateur est libre d'acheter ou de ne pas acheter. Cela est vrai, mais ce qui ne l'est pas moins, c'est que l'agriculteur se laisse aisément entraîner à acheter des matières qu'on lui affirme être propres à féconder ses terres; si ces matières n'ont aucune vertu, on commet à son préjudice un véritable vol. Tenez-vous donc en garde, mes amis, contre ce charlatanisme, et n'achetez que des engrais dont la bonne qualité vous sera garantie par des hommes qui méritent votre confiance. Ce qu'il y aura toujours de mieux pour vous, comme je vous le démontrerai en vous parlant des bestiaux, c'est de trouver sur votre propre exploitation, par l'augmentation du nombre et du poids de votre bétail, les ressources en engrais qui vous sont nécessaires.

Lors de la prochaine réunion, nous commencerons l'examen de quelques instruments nécessaires à l'agriculture.

HUITIÈME ENTRETIEN.

DE QUELQUES INSTRUMENTS ARATOIRES.

Considérations générales sur les charrues. — Charrue Dombasle ou araire; projet d'amélioration applicable aux charrues du pays. — Profondeur des labours. — Considérations sur les divers modes de labours. — Culture en sillons. — Culture à plat. — Culture en planches. — Drainage. — Herse. — Rouleau. — Extirpateur. — Houe à cheval. — Charrue à deux versoirs ou buttoir. — Machine à battre le grain.

Les petites réunions chez Jérôme commençaient à faire bruit dans le pays; il n'était question partout que des leçons qu'il avait données sur le nombre et le choix des engrais. Déjà ses instructions et son exemple portaient leurs fruits. Des réservoirs à purin avaient été creusés près d'un grand nombre d'étables ; on séparait le fumier de cheval de celui de vache; on pratiquait des canaux pour faire écouler les eaux qui avaient servi au rouissage; enfin, l'agriculture semblait commencer une ère nouvelle. Jérôme jouissait de ces progrès, non pour lui, l'amour-propre ne pouvait l'atteindre, mais pour ceux mêmes qui devaient en profiter.

Considérations générales sur les charrues.

Sa tâche n'était pas remplie : il était parvenu à vaincre la routine sur quelques points; il lui restait à combattre d'autres préjugés. Il comprenait combien il était délicat de venir dire à des hommes habitués à leurs instruments : Votre charrue est défectueuse; votre herse ne vaut rien. La difficulté n'était peut-être pas d'en démontrer les défauts, mais d'en offrir qui fussent parfaites, par lesquelles on dût remplacer les anciennes :

il fallait former des hommes nouveaux pour les nouveaux instruments. Jérôme avait beaucoup voyagé dans sa jeunesse, et avait remarqué que chaque pays avait son système d'instruments aratoires, qu'il voulait faire prévaloir sur les autres. Rien n'était plus varié que la forme des charrues, et aucune ne lui avait encore paru réunir les conditions qui la rendissent propre à tous les sols comme à tous les climats. Il admirait la simplicité de la charrue Dombasle et le mécanisme ingénieux de la charrue Grangé; mais il regrettait de ne pas trouver une charrue qui, avec les mêmes qualités, pût être à la portée de toutes les bourses. Jérôme avait un caractère indépendant, et, sans vouloir blesser aucune susceptibilité, il entreprit de s'expliquer sur les qualités que devait avoir une bonne charrue. Sa grange semblait être un petit musée d'industrie agricole, par le nombre et la variété des instruments aratoires qu'il avait réunis et mis en ordre. Il y en avait plusieurs dont l'usage et le nom même étaient inconnus à la plupart des cultivateurs qui assistaient aux veillées de Jérôme. Après quelques instants donnés à la visite de ces objets, chacun prit sa place, et Jérôme commença ainsi :

De tous les instruments employés en agriculture, le plus indispensable est la charrue. C'est aussi celui dont la confection offre le plus de difficultés. Depuis l'invention de la première charrue, qui n'était autre chose qu'un crochet de bois renversé avec lequel on traçait des sillons bien imparfaits, d'innombrables perfectionnements ont eu lieu, et cependant, après tant de siècles, nous ne sommes pas encore arrivés à pouvoir dire : Voilà une charrue sans défaut. La meilleure de toutes serait celle qui conviendrait à tous les sols, retournerait le mieux la terre, demanderait le moins de tirage, fatiguerait le moins l'homme chargé de la diriger, et coûterait le moins cher. L'inventeur d'une charrue qui réunirait toutes ces qualités pourrait être classé parmi les bienfaiteurs de l'humanité ; mais cette découverte est encore un problème. Faute d'une entière perfection, nous devons donner la préférence à la charrue qui aura le moins de défauts et présentera le plus d'avantages.

Pour constituer une bonne charrue, il faut, a dit la Société d'agriculture de Paris, « que le laboureur n'ait pas besoin d'aide, qu'elle soit simple et légère, que l'attelage ne soit pas de plus de deux bêtes (en circonstances ordinaires), que le soc soit plat et tranchant, que le versoir range la terre de côté et nettoie parfaitement le fond de la raie, que le labour soit étroit et profond ; que la charrue obéisse avec précision à tous les mouvements que lui imprime le laboureur ; qu'elle ne fasse rien au delà de ce que sa main lui prescrit. »

Ces documents pourront servir de guide à tous ceux qui tenteront des améliorations dans la construction des charrues. Je vous engage, mes chers amis, à les avoir toujours présents à la mémoire.

Charrue Dombasle ou araire ; projet d'amélioration applicable aux charrues du pays.

Les hommes les plus instruits n'ont pas dédaigné de travailler à la découverte de charrues qui approchassent, autant que possible, de la perfection. Après un grand nombre d'essais et plusieurs années d'expérience, il paraît aujourd'hui démontré que l'une des meilleures charrues connues est l'araire inventé par l'illustre Matthieu de Dombasle ; celle que vous voyez là, sans avant-train (planche 1re), a été modifiée dans quelques-unes de ses parties par M. Parquin. On en trouve la description suivante dans le *Matériel agricole* de M. Auguste Jourdier :

« Le régulateur est aussi simple qu'on peut le souhaiter : la première partie (pl. 2), l'arc VU, est en bois; la seconde CZ' est en fer. Elle pivote au point C' et peut parcourir, comme l'aiguille d'un cadran, l'arc V U. Une simple cheville en fer, attachée au bout d'une chaînette retenue en A', s'enfonce dans un des trous quand on a donné le degré d'entrure voulu. La largeur de la raie s'obtient facilement en plaçant l'anneau à crochet ZB dans un des crans de la crémaillère horizontale qui termine la pièce mobile C'Z.

(Planche 1re).

En R″R′, la haie est arrondie de façon qu'elle puisse recevoir, au besoin, l'avant-train, dont nous parlerons plus loin. Le coutre est placé, comme nous l'avons dit, sans affamer en quoi que ce soit le bois de la haie, qui n'est percée qu'en *f* et *g*, pour recevoir les parties supérieures de l'avant-corps et de l'étançon. Enfin, par une disposition heureuse empruntée aux charrues anglaises, les mancherons *a b c d* sont suffisamment longs pour former entre les mains du charretier qui travaille un très-bon et très-puissant levier dont il a besoin à chaque instant, et notamment au bout de chaque raie. Je vous avoue, mes amis, que je préfère cet instrument à toutes les autres charrues, et il me semble réunir la plus grande partie des conditions demandées par la Société d'agriculture de Paris[1]. »

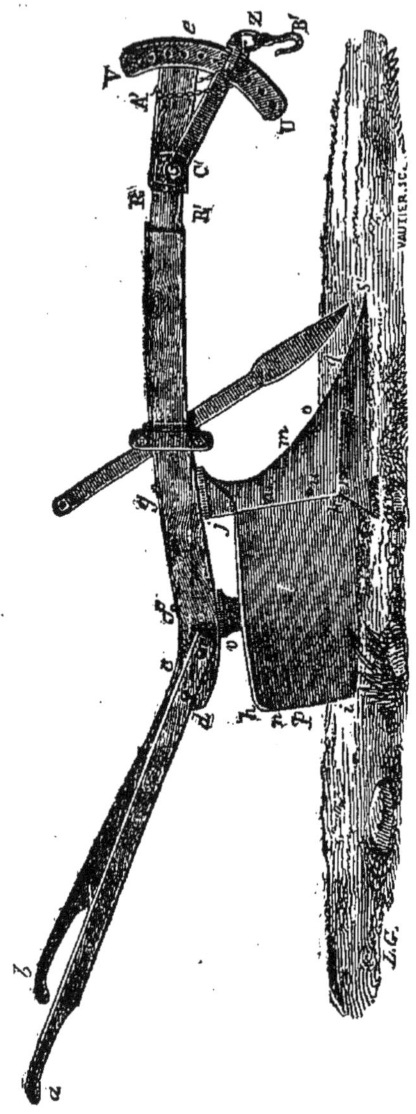

(Planche 2. Araire.)

— Pardon de vous interrompre, Jérôme, lui dit le

1. Nous signalerons encore, au nombre des meilleures charrues, la charrue *André-Jean*, de Périgny, la charrue *Rozé*, et la charrue

vieux Pierre; mais depuis soixante ans je m'occupe d'agriculture, et j'ai plus d'une fois fait faire des charrues; j'en ai eu de plus commodes les unes que les autres : elles avaient, à peu de chose près, toujours la même forme. Je donne à la flèche deux fois la longueur du cep et du soc réunis; le versoir de celle qui me sert dans les terres légères est plus ouvert que celui de la charrue avec laquelle je laboure mes terres fortes et mes défrichements, parce que c'est dans le versoir qu'est toute la résistance.

Dans celle que vous nous présentez, la manière de régler la largeur des raies et la profondeur du labour n'est plus la même. Il faudra donc que je fasse une étude toute nouvelle! Avec votre charrue Dombasle, je dois peser sur les mancherons, lorsque, pour obtenir le même résultat, je lève ceux de ma charrue; si je veux tourner au bout du sillon, la sellette de mon avant-train sert de point d'appui à ma flèche, ce qui rend cette opération plus facile. Enfin, je ne trouve à ma charrue qu'une chose à réformer, c'est la forme de mon soc et celle de mon versoir. Qu'en pensez-vous, Jérôme? Ferais-je bien d'adapter un soc et un versoir dans le genre de ceux des charrues nouvelles, à celle que j'ai si bien l'habitude de conduire?

— Je pense, répondit Jérôme, que ce sera déjà une grande amélioration que vous apporterez au système de nos charrues ordinaires, et je vous loue très-fort, mon cher Pierre, d'être dans cette intention. Votre exemple trouvera de nombreux imitateurs. Le soc rond et pointu, le versoir formant, dans toute sa hauteur, une ligne verticale et droite : voilà bien les deux choses qui rendent le plus nos charrues défectueuses

Bella qui a remporté le premier prix au concours universel de 1856, à Paris.

et nuisent à la qualité des labours. Le soc tranchant et plat trace une raie beaucoup plus unie et mieux nettoyée; le versoir rentrant à la partie inférieure la plus éloignée du soc, et représentant, vu de haut en bas, à peu près la forme d'un ×, comme dans les charrues nouvelles, ferme la raie en forçant la motte à se briser; il en résulte que la terre est plus ameublie, et qu'on n'est plus obligé de l'appuyer avec le pied, comme cela est souvent nécessaire avec nos versoirs actuels, ce qui fatigue beaucoup l'homme qui tient la charrue. Votre versoir ainsi construit n'offrira pas une plus grande résistance, puisque, même en lui donnant moins d'écartement, vous obtiendrez un meilleur labour. Je vous engage donc à mettre votre projet à exécution; j'en surveillerai moi-même le travail, si cela vous fait plaisir [1]

Profondeur des labours.

Pierre accepta la proposition de Jérôme, et il fut convenu que, dès le lendemain, les ouvriers seraient mandés.

En vous parlant des charrues, mes chers amis, continua Jérôme, je ne dois pas omettre de vous dire quelque chose des labours, de leur profondeur et des divers modes de préparation des terres.

Il n'est pas un de vous qui n'ait remarqué que, dans une terre cultivée à la bêche, les récoltes sont en général plus belles que dans celles cultivées avec la charrue. Cela provient de la profondeur du labour donné à la terre par le premier moyen. On ne peut employer la

1. La Société d'agriculture de Rennes (Ille-et-Vilaine) a pensé que l'un des meilleurs moyens de propager l'usage des charrues perfectionnées est d'accorder aux premiers cultivateurs qui l'adopteront une prime égale à la moitié au moins du prix de l'araire. Il serait à désirer que cet exemple fût suivi par tous les comices agricoles.

bêche que dans un terrain d'une petite étendue ; mais plus vous approcherez avec la charrue de la profondeur de ce labour, plus aussi vous pourrez espérer avoir le même résultat.

La terre est d'autant plus fertile que la couche végétale, ou le *sol*, a plus d'épaisseur, surtout pour la culture des plantes à racines pivotantes. Le moyen d'augmenter cette épaisseur de sol est, comme je vous l'ai dit précédemment, d'amener à sa surface une partie du sous-sol, qui se convertit bientôt lui-même en terre végétale par son exposition au soleil et à l'air, dont il reçoit alors les impressions favorables, et par son mélange avec le sol et avec les engrais.

Plus votre terre est argileuse et forte, plus votre labour doit être profond, parce qu'alors vous la divisez davantage et la rendez plus légère.

Cependant, remarquez que tous vos labours ne doivent pas atteindre la même profondeur ; c'est dans le labour de défrichement qu'il faut arriver jusqu'au sous-sol et en lever une partie. Le labour d'ensemencement qui vient ensuite sera plus léger et ne fera que remuer de nouveau la terre retournée par le premier, ameublie et divisée par le rouleau et la herse dont je vais bientôt vous parler. Si l'on voit tant de récoltes versées et qui ne viennent pas à maturité, cela provient fréquemment du peu de profondeur que l'on donne aux labours. Celle que j'ai adoptée, et qui m'a toujours réussi, est de 28 à 33 centimètres (10 à 12 pouces) dans les défrichements, 18 à 24 centimètres dans les labours d'ensemencement. Dans les terres siliceuses et calcaires, lorsque le sous-sol est crayeux ou schisteux (on nomme *schiste*, une sorte de pierre ordinairement molle, et qui se lève par écailles), la profondeur du labour devra être proportionnée à l'épaisseur de la couche de terre végétale, quelquefois très-mince. Il y aurait de l'inconvénient à changer tout à coup la nature du sol par un labour trop profond. Ce sera graduellement, et en prenant chaque année une légère portion de ce sous-sol, que vous parviendrez à rendre le sol plus épais et plus fertile.

Considérations sur les divers modes de labours.

Disons maintenant quelques mots des divers modes de préparation des terres par les labours.

Dans quelques pays, on a l'habitude de relever les terres en *sillons* ou *billons* formés tantôt de quatre, tantôt de six raies tirées par la charrue; en d'autres, on cultive la terre tout à plat et sans apparence de sillons; ailleurs, on prend un moyen terme, en divisant le champ en espaces plus ou moins larges, séparés les uns des autres par une raie profonde. Ces espaces, ainsi divisés, prennent le nom de *planches*. Ces divers systèmes de labours peuvent être tous bons, eu égard à la nature du sol et à l'espèce d'ensemencement. Cependant, il importe d'examiner les inconvénients et les avantages de chacun, pour bien comprendre quel est celui de tous qui doit être préférablement adopté.

Culture en sillons.

La culture en sillons élevés peut convenir dans les terres fortes et argileuses, parce que, ainsi disposées, dans l'hiver, elles laissent plus aisément écouler la surabondance d'eau que ces sortes de sols ne peuvent absorber; dans l'été, se trouvant plus exposées aux courants d'air, elles en reçoivent plus facilement les influences. Cette forme convient spécialement à la culture des céréales : aussi est-elle en usage dans la plupart des pays où l'on se borne presque exclusivement à cette culture. Cependant, même alors, elle offre des désavantages : entre deux sillons est une raie profonde, dans laquelle le sous-sol demeure à découvert, ou, du moins, le sol n'y étant pas labouré, ameubli, l'eau y séjournant, la quantité de graines qui s'y trouve semée y germe difficilement, et est privée des engrais qui tous sont reportés dans le sillon. Elles ne sauraient alors porter de fruits. Il en résulte que toute la portion de terrain occupée par ces raies le plus ordinairement ne rapporte rien. Plus ces raies sont multipliées, plus la perte est considérable pour le cultivateur.

Culture à plat.

La culture à plat sans sillons, avantageuse dans les terrains légers, calcaires ou siliceux, et surtout dans l'ensemencement des plantes qui constituent les prairies artificielles, dont nous parlerons plus tard, ne saurait convenir dans les terres fortes, argileuses, mouillées. Plus la surface du sol est unie et sans inégalités, plus le sol retient l'humidité. Or, le caractère particulier des terres fortes est de retenir l'eau, dont on doit s'efforcer de faire écouler la surabondance, qui nuit singulièrement à la production des céréales.

Culture en planches.

La culture *en planches* semble devoir être généralement préférée aux deux autres, parce qu'elle en réunit les avantages sans en avoir les inconvénients. Les planches doivent avoir une largeur moyenne de 2 à 3 mètres. Il convient de donner aux planches une forme légèrement arrondie, et qu'on a coutume de nommer *dos d'âne*. La raie qui sépare les planches doit être profonde et parfaitement nettoyée, afin de rendre l'écoulement des eaux facile. En curant ces raies, on rejette la terre sur les planches qui ont été ensemencées à leur surface; on nomme cette opération *augeoler* : elle produit un effet très-avantageux pour les céréales.

Voilà, mes amis, ce que j'avais à vous dire sur les labours; je ne vous parlerai pas du nombre que vous en devez donner à votre terre : rappelez-vous seulement que plus elle sera remuée souvent, plus elle acquerra de qualité.

Après vous avoir parlé des charrues et de la profondeur des labours, je vais vous indiquer les instruments nécessaires aux opérations qui doivent suivre ce premier travail. Dans certains pays, surtout dans ceux où l'on conserve encore beaucoup de jachères, malgré le tort immense qu'elles causent à l'agriculture, comme je vous l'ai dit, on se sert de la houe pour briser les mottes. Ce travail est long, fatigant et dispendieux : c'est ce que l'on nomme *rabattre le guéret*. Il est un moyen beaucoup plus simple d'obtenir le même résultat avec bien moins de frais et de fatigue : c'est de se servir d'une *herse* à dents de fer, puis ensuite d'un rouleau. Ces deux instruments sont indispensables dans une exploitation bien dirigée.

Drainage.

Puisque nous nous occupons des préparations à donner à la terre, c'est le moment de vous dire quelques mots d'une opération qui attire généralement l'attention, le *drainage*. Drainage vient d'un mot anglais qui signifie *égouttement*. Le drainage est donc une opération qui consiste à égoutter les terres, à leur enlever l'excès d'humidité qui nuit aux récoltes, au moyen d'un procédé particulier dont voici le détail : Dans une terre naturellement humide, soit parce qu'il existe dans le sous-sol des sources, soit parce que le sol ou le sous-sol ne permettent pas aux eaux qui y séjournent accidentellement de s'écouler assez promptement, on pratique des rigoles profondes dans le sens de la pente naturelle du terrain, et dont l'extrémité inférieure débouche dans une rigole principale qui reçoit toutes les eaux. Au fond de ces rigoles, on place une sorte de conduit composé d'une suite de petits tuyaux en terre cuite ayant chacun environ 33 centimètres de longueur et un diamètre intérieur de 3 à 4 centimètres. Ces tuyaux ou *drains* sont placés les uns au bout des autres, sans être joints; on recouvre le conduit d'une couche de pierrailles d'au moins 40 centimètres d'épaisseur, afin que l'eau puisse s'infiltrer jusqu'aux drains, puis la couche de pierres est à son tour recouverte de terre jusqu'au niveau du sol. Il faut que la charrue puisse passer sur les rigoles sans atteindre la couche de pierres.

Les rigoles, disposées parallèlement, doivent être en nombre suffisant pour qu'il ne reste plus dans le champ que l'humidité nécessaire : en trop petit nombre, elles n'atteindraient pas le but; en trop grand nombre, elles dessécheraient le sol outre mesure.

Considérée comme moyen d'assainissement du sol, la pratique du drainage, encore peu répandue en France, est appelée à rendre de très-grands services, soit à l'agriculture, soit à la salubrité publique; mais les frais qu'elle occasionne sont au-dessus de la portée des simples cultivateurs. Le drainage est, du reste, une amélioration *foncière* plus qu'une amélioration purement agricole.

Nous empruntons encore au *Matériel agricole* de M. Auguste Jourdier l'indication des instruments nécessaires pour exécuter les travaux de drainage : « Il faut un bon jeu de bêches analogues à celui que nous représentent les dessins de la planche 3. Il importe que

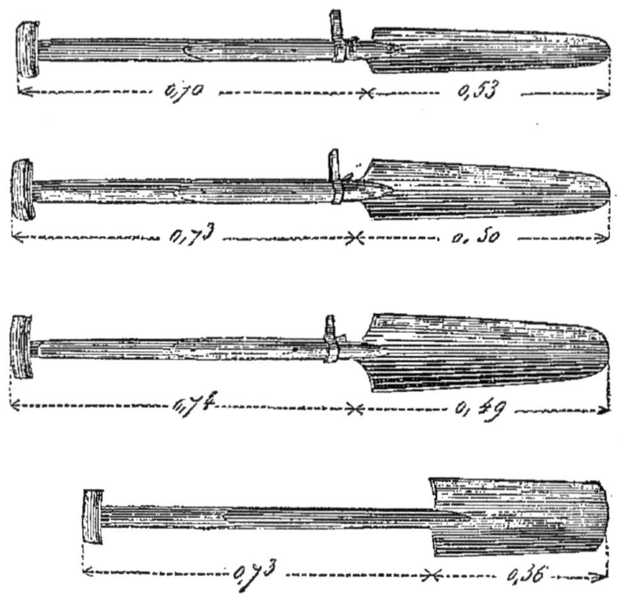

Pl. 3. Jeu de bêches à creuser les tranchées de drainage.

toutes les douilles soient rustiques et très-montantes, car on ne doit pas oublier que ces outils ne sont employés que dans des terres neuves, très-compactes, où elles servent à la fois comme instrument tranchant et comme levier.

« Les pédales ne sont pas toujours employées; cependant elles sont d'un grand secours pour appuyer avec le pied.

« Les largeurs doivent être bien graduées. Elles dépendent au principal du genre de travail qu'on veut faire. On ne peut donc pas donner de règles absolues à cet égard; il n'y a que les proportions à observer.

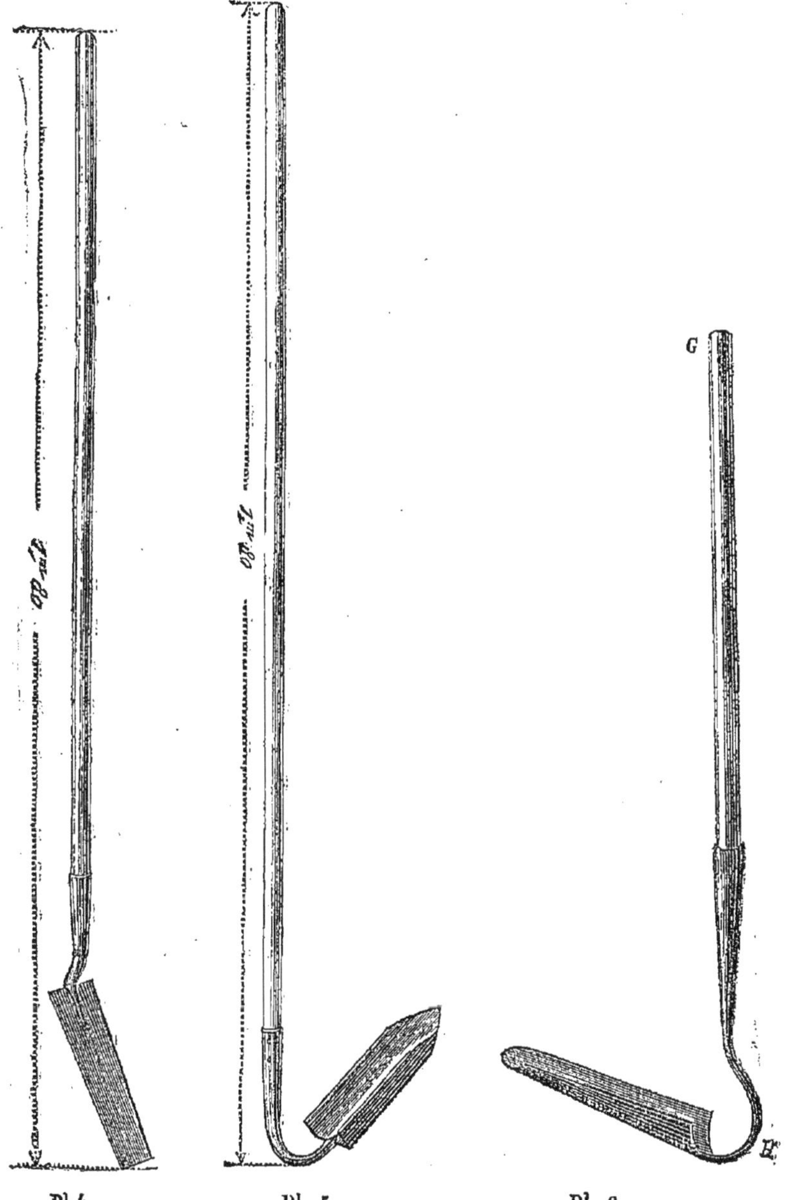

Pl.4.
Pelle à curer.

Pl. 5.
Curette.

Pl. 6.
Curette (le manche est brisé).

« La grande pelle (pl. 4) sert à relever les terres qui

n'ont pu être jetées au dehors avec les petites bêches. On se sert également, pour cette opération, de la curette (pl. 5), qui se manœuvre en dehors de la tranchée. Pour se servir de la pelle coudée (pl. 4), il faut, au contraire, être dedans.

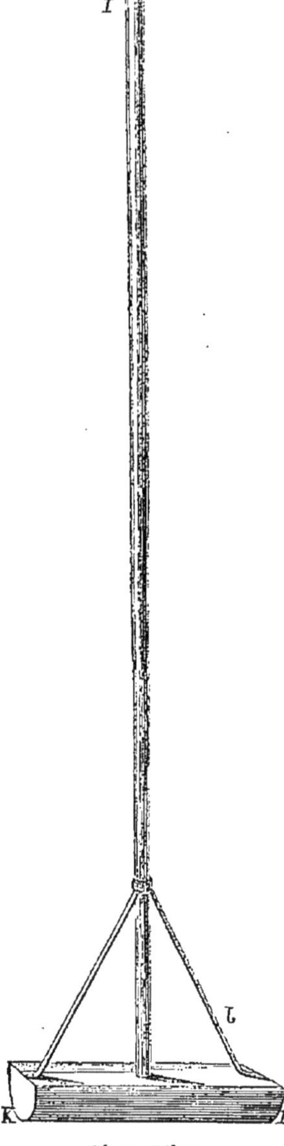

Pl. 7. Pilon.

« C'est seulement à la fin de l'opération, alors que la plus petite bêche a creusé le fond où les tuyaux doivent reposer, qu'on se sert de la curette GH (pl. 6). L'Association de l'Oise a eu la bonne idée de la rendre tranchante des deux côtés, de façon qu'elle puisse servir à régulariser les terres dont les bavures gênent souvent la pose des tuyaux.

« Le pilon est représenté ici (pl. 7) sous la forme la plus simple; il est tout en bois et n'est ferré qu'à sa partie la plus basse KL. Les Anglais avaient primitivement construit des pilons très-lourds, tout en fer et en fonte, pouvant s'allonger à volonté, mais qui étaient d'un maniement difficile. Celui-ci les remplace avantageusement. Au lieu d'agir par son propre poids, on est obligé d'en frapper le sol. C'est beaucoup moins fatigant, et on réussit tout aussi bien à niveler le fond des tranchées.

« Le petit porte-tuyaux MN (pl. 8) est bien simplifié

aussi, et il est tout aussi bon que les anciens, qui étaient lourds et inutilement compliqués. M. Leuret, qui s'en est servi le premier après l'avoir imaginé lui-

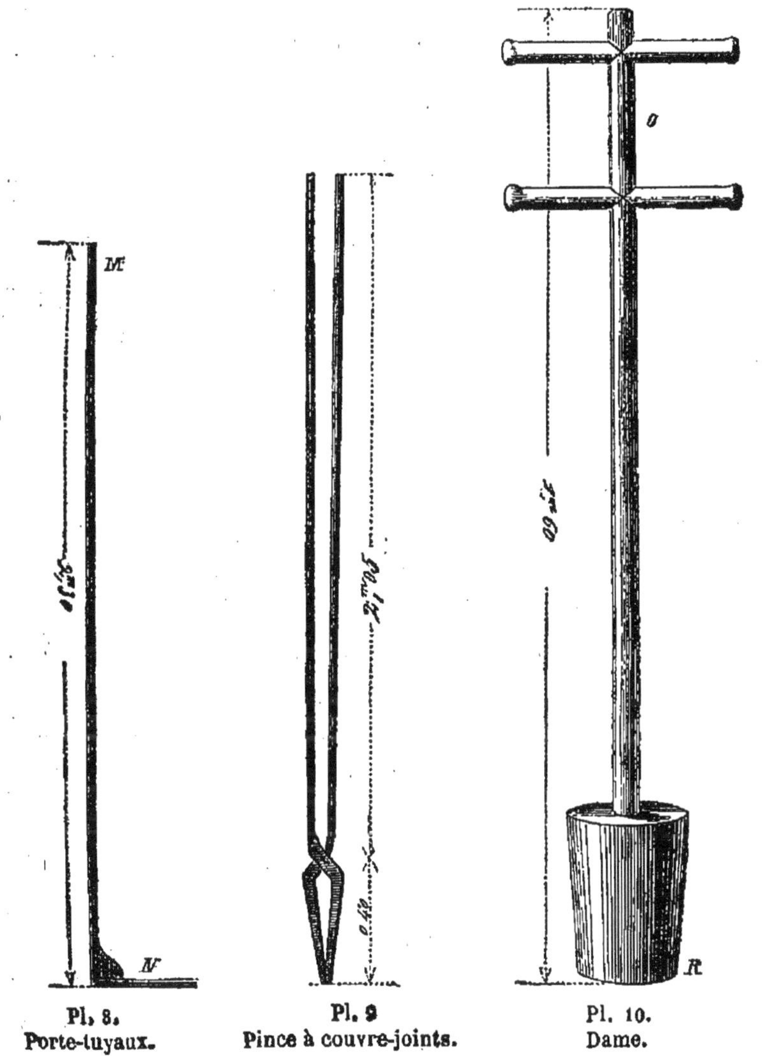

Pl. 8. Porte-tuyaux. Pl. 9 Pince à couvre-joints. Pl. 10. Dame.

même, s'en est toujours parfaitement bien trouvé.

« La petite pince (pl. 9), est également très-légère; elle sert à poser les couvre-joints. C'est un outil qui ne manque pas d'utilité et qui demande à être manié avec soin et avec adresse. Une fausse manœuvre peut, en effet, déranger la régularité si nécessaire de la pose, et, si elle se renouvelle en plusieurs endroits, compromettre l'opération tout entière.

« Enfin, la dame OR (pl. 10) est indispensable aussi pour clore le travail. On ne doit pas compter sur le tassement naturel des terres pour l'assujettissement des tuyaux sur le premier lit, comme on l'avait fait, à tort, au camp de Satory.

« Ce n'est qu'après avoir damé soigneusement les premières terres jetées, après avoir établi et réglé, pour ainsi dire, les rapports des tuyaux avec la terre qui les recouvre, qu'on peut songer à combler la tranchée. »

Herse.

La forme de la herse n'est pas une chose indifférente ; elle exerce une grande influence sur la qualité du travail et la facilité avec laquelle on le fait.

Pour bien diviser les mottes que la charrue a laissées entières, la herse doit avoir une pesanteur proportionnée à la nature du sol, et être plus lourde pour les terres argileuses que pour les terres légères et sablonneuses. Les dents ou lames doivent être en fer, dans la forme d'un *coutre* de charrue ou d'un grand clou dont l'un des angles est placé en avant, de la longueur de 17 à 28 centimètres, espacées à 23 centimètres environ les unes des autres, légèrement inclinées en avant, disposées de manière que chacune fasse une trace séparée et distincte. C'est pour cette raison que la forme en *losange* ou *fausse équerre* paraît être celle que l'on doit préférer dans la construction d'une bonne herse. Faite dans cette forme, la herse doit avoir des crochets aux deux bouts, de manière à pouvoir être traînée, soit en avant, soit en arrière, opération que la position inclinée des dents rend souvent très-avantageuse (pl. 11).

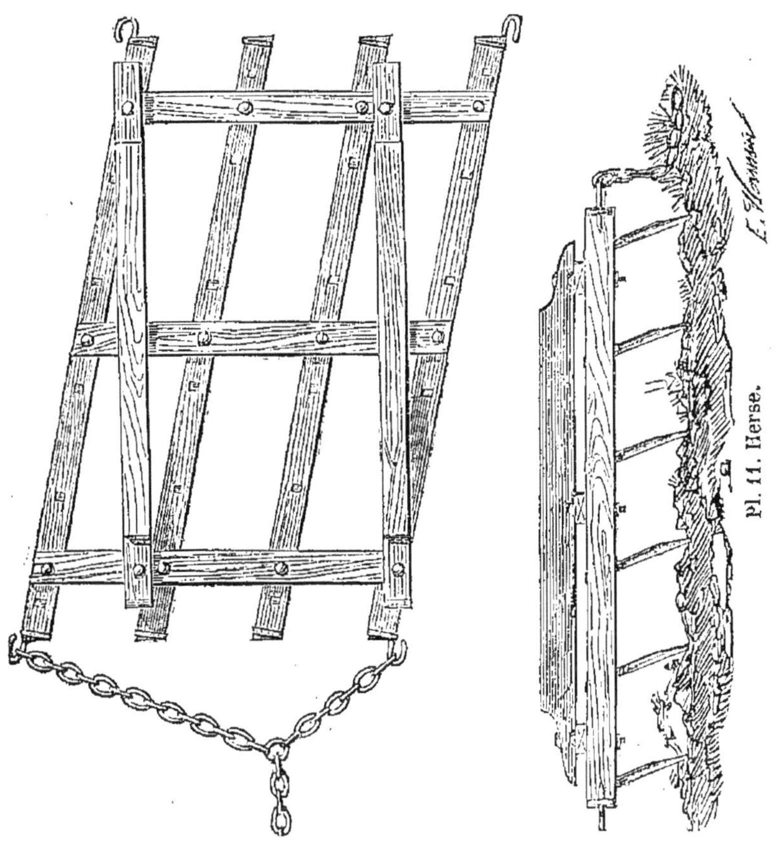

Pl. 11. Herse.

La terre, pour être soumise au hersage, ne doit être ni trop sèche, ni trop mouillée. Un hersage donné en temps utile peut quelquefois augmenter considérablement le produit de vos récoltes. Un premier hersage avant le labour d'ensemencement est indispensable.

Il est une autre opération que des expériences réitérées ont fait regarder comme extrêmement avantageuse, et qui est aussi une espèce de hersage, c'est de promener sur vos semences d'hiver, au mois de mars, un faisceau d'épines. Par l'emploi de ce procédé, vous donnez à votre terre un petit labour qui en ameublit la surface, regarnit le pied du grain et lui fait produire, sur la même souche, un plus grand nombre d'épis. J'ai vu des champs dans lesquels ce travail si simple, si facile, avait augmenté la récolte d'un quart.

Rouleau.

Le rouleau est un cylindre en bois ou en fonte (pl. 12)

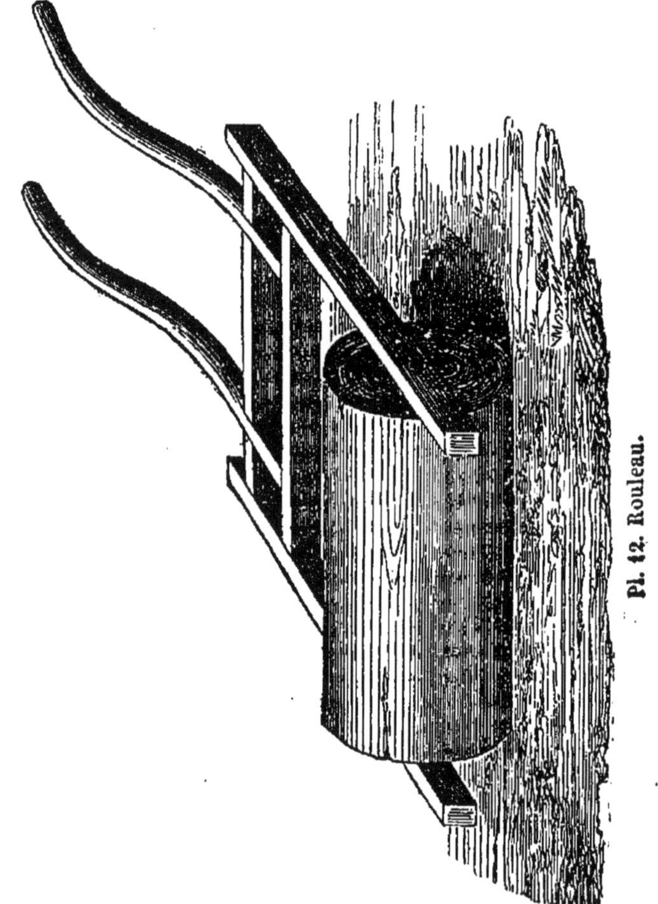

Pl. 12. Rouleau.

de la pesanteur de 400 à 450 kilogrammes. Après avoir divisé la terre au moyen de la herse, vous achevez d'écraser toutes les mottes avec cet instrument. Il vous servira encore à raffermir, après l'hiver, les prairies dont la glace aura soulevé la croûte, et à faire disparaître les pierres que les taupes ont amenées à la surface, et les traces qu'ont faites ces animaux. Le rouleau a l'avantage de détruire une grande quantité d'insectes qui dévorent les tiges et souvent jusqu'aux racines des plantes. Enfin, l'usage de la herse et du rouleau simplifie beaucoup les travaux du labourage, et offre une grande économie de temps et de main-d'œuvre, deux choses bien précieuses en agriculture.

Extirpateur.

J'ai vu votre attention se porter sur un instrument que voilà près de la charrue Dombasle, à laquelle on donne aussi le nom d'*araire*. Ses trois socs plats et sans versoirs vous intriguent; c'est celui qui porte le nom d'*extirpateur*. Il est destiné à couper les racines; il passe dans la terre sans la retourner, et facilite l'action de la charrue et de la herse. C'est une fort belle invention.

Houe à cheval.

Cet autre est une houe à cheval. Son soc, placé en avant, est assez semblable à l'un de ceux de l'extirpateur, à l'exception du coutre qui l'accompagne; ses coutres et les serpes que vous remarquez aux deux côtés, ameublissent la terre et sarclent les mauvaises herbes. On se sert principalement de la houe à cheval pour bêcher entre les rangs de pommes de terre, de betteraves-disettes, de colza, etc. On fait avec cet instrument, en deux heures, autant d'ouvrage qu'en feraient trois hommes dans une journée. La houe à cheval est indispensable dans le système d'asso-

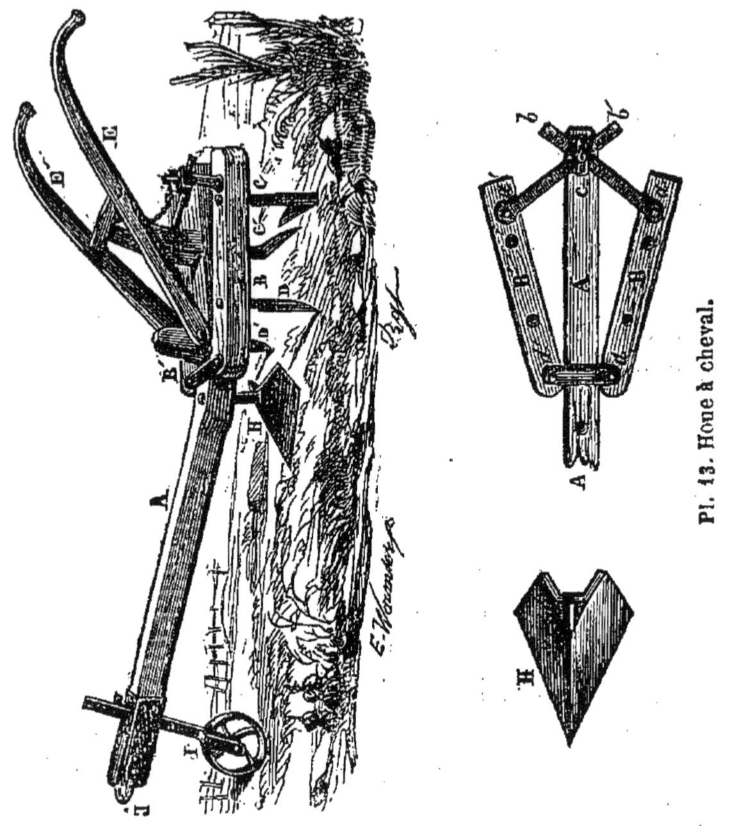

Pl. 13. Houe à cheval.

lement actuel, avec la culture des plantes sarclées (pl. 13).

Charrue à deux versoirs ou buttoir.

Il en est de même de cette espèce de petite charrue à deux versoirs que vous voyez à côté, et que l'on nomme buttoir ou butteur, parce qu'il sert principalement à butter les pommes de terre. Je vous en expliquerai les avantages en vous parlant de l'importance de la culture de ces plantes (pl. 14).

Je ne vous parlerai pas, mes amis, d'une foule d'autres instruments aratoires qui chacun ont leur utilité particulière. Je ne vous ai entretenus que de ceux qui servent à la culture directement, et dont l'emploi doit être adopté partout où l'on a senti le besoin de diminuer les fatigues du cultivateur et de faciliter les opé-

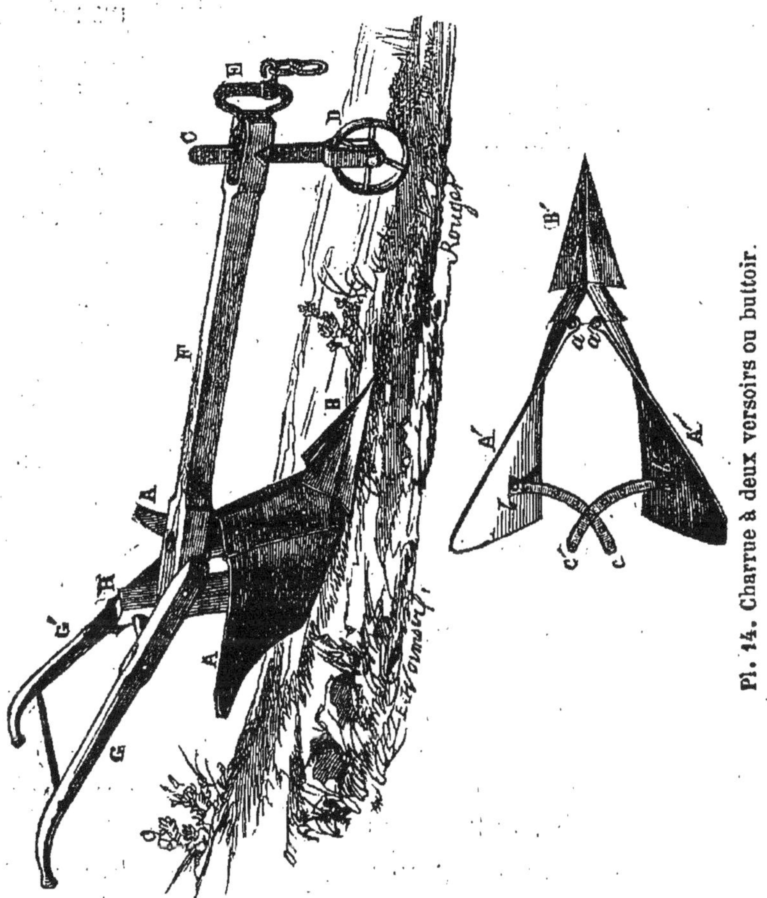

Pl. 14. Charrue à deux versoirs ou buttoir.

rations du labourage. L'introduction d'un grand nombre d'instruments aratoires perfectionnés se fera peu à peu. Efforcez-vous de vous procurer d'abord les plus nécessaires, vous aurez ensuite ceux dont l'utilité n'est que secondaire.

Machine à battre le grain.

Je ne dois pas omettre de vous parler d'un instrument nouvellement introduit en France par la Société académique de Nantes[1], destiné à diminuer les frais de la récolte et les fatigues des cultivateurs : c'est la machine pour battre les grains. Vous savez, mes amis, combien le système de battage au fléau est dispendieux et fatigant. Il ne se passe guère d'année que nous n'assistions aux funérailles de quelques malheureuses victimes des maladies auxquelles le battage donne naissance : pleurésies, inflammations de poitrine, courbatures et accidents de tout genre. L'importation de cette machine, en enlevant la cause principale de ces maladies, est un bienfait pour l'humanité. Sous un autre point de vue, son emploi présente d'immenses avantages : les grains sont plus propres, et l'on n'y rencontre pas ces graviers qui nuisent à leur valeur et les font rebuter sur nos marchés par les acheteurs étrangers ; on peut battre à couvert, dans un espace de trois mètres carrés, et employer à cette opération les mauvais jours lorsque, pour battre avec le fléau, il faut constamment un temps pur et un beau soleil ; on peut avec cette machine utiliser tous les bras, tandis que pour le battage au fléau il est nécessaire d'avoir des hommes choisis : le battage est beaucoup plus complet qu'avec le fléau, et, à qualité égale de grain, le rendement est en définitive d'un treizième au moins plus abondant. Enfin, avec huit hommes on obtient une quantité de grain battu presque double de celle que le

1. La première machine à battre le grain portative, importée d'Angleterre en France, sur la demande de MM. Neveu-Derotrie et La Maignère, est déposée au Musée industriel de Nantes.

même nombre donnerait à la fin de la journée. Vous voyez, mes amis, j'ai profité de huit jours de pluie pour battre mon grain, lorsque vous avez à peine commencé à battre le vôtre, et que ce ne sera peut-être pas d'un mois d'ici que vous aurez terminé, si le temps continue d'être mauvais. Par le plus beau temps même, j'aurais au moins dépensé le double. Il y a donc un grand profit, sous tous le rapports, à adopter l'usage de cette machine; et si le prix en est un peu élevé, c'est une avance sans doute, mais je puis vous affirmer que c'est de l'argent placé à gros intérêt.

Je ne vous parle pas du battage en grange qui se fait l'hiver; il n'est usité que dans quelques provinces. En lui substituant l'emploi de la machine dont je vous parle, les avantages seront tout au moins aussi grands. Dans les exploitations d'une certaine importance, on remplace le travail des hommes par celui des animaux de trait au moyen de l'application d'un petit manége peu dispendieux; dans les grandes exploitations, on peut se servir avec succès d'une machine qui a la vapeur pour moteur.

NEUVIÈME ENTRETIEN.

ENSEMENCEMENTS, CÉRÉALES, PRAIRIES NATURELLES.

Choix des graines. — Des divers modes d'ensemencements. — Froments. — Seigle. — Orge. — Sarrasin ou blé noir. — Avoine. — Maïs ou blé de Turquie. — Millet. — Prairies naturelles.

On avait passé plus de huit jours avant de pouvoir se réunir chez Jérôme : c'était le fort de la saison des ensemencements d'automne; le temps était beau, il fallait en profiter. Déjà partout la terre se couvrait d'une nouvelle verdure qui contrastait singulièrement avec la chute des feuilles dont les arbres se dépouillaient. Pierre avait adapté à sa vieille charrue le nouveau système de soc et de versoir, et s'en était très-bien trouvé : c'était une conquête dont Jérôme était fier. Cette fois il devait entretenir ses auditeurs des ensemencements, de la culture des céréales et des prairies naturelles.

Choix des graines.

La théorie des ensemencements, leur dit-il, varie quant à l'époque et quant à la manière d'opérer, selon les graines, leur destination, le climat, la nature du sol, et le mode adopté dans la forme des labours.

Toutes les graines ne possèdent pas des qualités égales pour être propres à la reproduction. Vous savez, mes amis, qu'elles sont le résultat de la fécondation; elles contiennent les éléments des plantes nouvelles qui se développent par la germination. Pour être bonnes, il faut d'abord que les graines aient été fécondées; en second lieu, qu'elles aient été récoltées après avoir atteint un degré suffisant de maturité; enfin que les organes destinés à la germination n'aient pas été altérés ou détruits. Je me propose de vous donner incessamment quelques instructions utiles sur la formation, le développement et la nature des parties qui composent les végétaux.

Il y a des graines dans lesquelles la faculté de germer se conserve pendant de longues années, lorsque d'autres perdent cette faculté au bout d'un court espace de temps.

Il n'est pas toujours aisé de reconnaître les bonnes d'avec les mauvaises; cependant, à peu d'exceptions près, on peut les regarder comme bonnes quand elles présentent les caractères suivants :

1° Quand elles paraissent bien remplies; 2° qu'elles sont lourdes et qu'elles ne surnagent pas en les plongeant dans l'eau; 3° que l'épiderme ou la petite peau qui les recouvre est lisse et sans rides; 4° enfin quand elles ne se déforment pas en se desséchant.

Des divers modes d'ensemencements.

Les graines demandent à être enterrées plus ou moins profondément; en cela, leur grosseur sert ordinairement de guide : plus elles sont petites, moins elles ont besoin d'être recouvertes de terre, pourvu qu'elles le soient toujours un peu. La nature du sol exerce également une grande influence sur la profondeur des ensemencements; elle doit être beaucoup moindre dans les terres fortes, argileuses que dans les terrains légers, parce que, dans ceux-ci, l'humidité, qui, avec l'air et la chaleur, est une des conditions indispensables à la germination, s'évapore plus promptement que dans les premiers.

Quel que soit le sol qu'on veut ensemencer et les graines qu'on lui destine, il faut avant tout bien préparer la terre, l'ameublir, en exposer les diverses parties au contact de l'air, enfin lui fournir des engrais convenables et en quantité suffisante.

Les ensemencements se font soit *à la volée*, soit *en lignes*. L'usage de semer les céréales à la volée est le plus généralement suivi, et le seul peut-être qu'on puisse adopter avec la culture en sillons. Mais il ne faut pas se dissimuler qu'il est sujet à de grands inconvénients; l'habitude que l'on a de semer devant la charrue, qui vient ensuite recouvrir la semence, fait qu'une partie considérable de cette semence se trouve enfouie trop profondément, et alors ne lève pas : le cultivateur est obligé d'en augmenter la quantité, et souvent encore son champ n'est que médiocrement chargé d'épis. En semant à la volée, on ne peut jamais apprécier exactement le résultat de l'ensemencement. La difficulté des sarclages est un autre inconvénient de ce mode, et pourtant les sarclages sont indispensables pour assurer la propreté des récoltes de céréales.

Dans l'ensemencement en lignes, ces inconvénients n'existent pas, ou du moins sont considérablement diminués. Les grains semés à une profondeur égale germent et lèvent tous, parce qu'ils ne sont recouverts que de la quantité de terre indispensable à la germination; il faut dès lors employer beaucoup moins de semences : les sarclages se font plus régulièrement et demandent moins de temps et de main-d'œuvre. En un mot, ce mode est incontestablement plus avantageux sous tous les rapports[1].

1. Nous renvoyons, pour la connaissance des semoirs, au *Matériel agricole* de M. Auguste Jourdier. — L. Hachette et Cie, édit.

Dans quelques circonstances, il faut préférer cependant l'ensemencement à la volée, lorsqu'il s'agit de graines destinées à former des prairies artificielles ou naturelles, parce que, dans ce cas, il n'y a pas de sarclages à faire, et que l'ensemencement a lieu sur le sol labouré et nivelé. Je ne saurais trop vous recommander alors de faire passer le rouleau immédiatement après l'ensemencement. Ce procédé a pour effet d'enterrer également la semence et d'affermir le sol, qui, dans les terrains légers surtout, acquiert par là plus de solidité, devient moins perméable et conserve aux graines plus d'humidité.

Après ces notions sur les ensemencements, entrons dans quelques détails relatifs à la culture des céréales.

Le nom de *céréales* vient de *Cérès*, qui, dans le temps du paganisme, était considérée comme la déesse des moissons. Sous ce nom on comprend tous les grains desquels on retire une farine propre à la nourriture des hommes ou des animaux, et particulièrement à faire du pain. Les principales céréales sont : le *blé* ou froment, le *seigle*, l'*orge*, le *sarrasin* ou *blé noir*, l'*avoine*, le *maïs* ou *blé de Turquie*, le *mil* ou *millet*.

Froments.

Le froment occupe le premier rang parmi les céréales, en raison de son importance, puisqu'il est vrai de dire que le froment est la base de la richesse des États. On en distingue deux classes principales, auxquelles se rapportent un grand nombre de variétés. Ces deux classes sont les froments *sans barbe* ou *mousses*, et les froments *barbus*.

Le froment vient assez bien dans tous les sols, et particulièrement dans ceux qui sont *argilo-calcaires*.

Les terrains siliceux paraissent mieux convenir au seigle : cependant, en y ajoutant un principe calcaire, on obtient de belles récoltes de froment, même dans ces terrains.

Il faut, pour cette culture, donner au sol des engrais nourrissants, tels que les fumiers, mais ne pas perdre de vue ce que nous avons dit sur l'application de ces engrais par rapport au sol. Si vous voulez obtenir de plus beaux résultats, joignez à ces engrais quelques-unes des substances que nous avons nommées *excitantes* ou *stimulantes*, telles que les vases de mer, et particulièrement la *tangue*, sur l'emploi de laquelle j'appelle toute votre attention.

Il ne sera pas inutile de vous faire connaître la composition de quelques-unes des terres que l'on considère comme les meilleures pour la production du froment.

ANALYSES FAITES PAR CHAPTAL.

Terre d'alluvion de la Loire.

Argile	31 0/0
Sable siliceux	32
Calcaire	30
Débris végétaux	7
	100

Autre.

Argile	50,1
Silex grossier et sable	25,3
Carbonate de chaux	24,6
	100,»

Autre.

Argile	26
Sable grossier	49
Carbonate de chaux	25
	100

ANALYSE FAITE PAR TILLES.

Terre la plus fertile des environs de Paris.

Argile	37,5
Silex grossier	25,»
Carbonate de chaux	37,5
	100,»

ANALYSE FAITE PAR BERGMANN.

Sol le plus fertile de la Suède.

Argile	40
Silex grossier	30
Carbonate de chaux	30
	100

L'un des engrais les plus avantageux pour la culture du froment est celui que nous avons désigné sous le nom de *fumure verte.* Rappelez-vous ce que nous en avons dit précédemment. L'usage de ce procédé est tellement efficace, que, dans quelques contrées de la France, on a consacré le proverbe : *Point de bon blé sans trèfle.* C'est aussi l'un des principaux motifs de la préférence que l'on doit accorder à la culture alterne sur l'assolement triennal.

On divise encore les froments en froments d'*hiver* et en froments de *printemps*, ou *blés de mars*, vulgairement nommés *tremas* ou *tremois*, parce qu'ils n'occupent la terre que trois mois.

Les engrais *pulvérulents*, c'est-à-dire à l'état de poudre ou de poussière, ceux qui agissent d'une manière prompte et énergique, conviennent spécialement pour ces derniers : tels sont le noir animal, les cendres, les marnes calcaires, etc., etc.

Quant à la culture du froment, vous la connaissez, et les détails que je pourrais vous donner à cet égard rentrent dans les préceptes généraux dont nous nous sommes occupés; seulement rappelez-vous ce que je vous ai dit de l'influence de la profondeur des labours et de celle d'un hersage donné en temps utile.

Jean-Marie interrompit ici Jérôme pour lui demander s'il était plus avantageux de semer le froment plutôt de bonne heure que tard ; à quoi Jérôme répondit :

L'époque la plus favorable pour l'ensemencement d'hiver est subordonnée au climat et à l'état habituel de la température. Si les glaces sont précoces et de longue durée, il faut semer de bonne heure, afin que le froment atteigne assez de force pour pouvoir leur résister. Si, au contraire, la température est douce et les froids habituellement tardifs, mieux vaut semer un peu tard, afin d'éviter un trop grand développement de la végétation avant l'hiver, développement qui occasionnerait une diminution sensible dans les produits, en consommant une trop grande quantité de la richesse des engrais.

Dans les hivers pendant lesquels la neige reste longtemps sur la terre, on remarque au printemps un développement sensible dans la végétation du froment, et quelques personnes pensent que la neige tient lieu d'engrais. C'est une erreur, et voici le motif de ce phénomène : pendant que la neige couvre la terre, la chaleur que celle-ci renferme se conserve et facilite la végétation des racines, qui prennent alors beaucoup plus de force que les tiges ou parties aériennes de la plante. Lorsque la température devient plus douce et que la neige disparaît, l'équilibre tendant à se rétablir dans la végétation, les tiges, alimentées par un plus grand nombre de radicules que vous nommez le *chevelu*, poussent avec plus de vigueur. Mais si le sol n'avait pas reçu une somme d'engrais suffisante, la neige produirait l'effet contraire et serait plus nuisible qu'avantageuse.

N'oubliez pas surtout qu'il est important de pratiquer des écoulements, parce que rien ne nuit plus au froment qu'une humidité trop abondante.

J'ai à vous parler maintenant d'une maladie qui affecte les froments et porte au cultivateur un préjudice considérable : c'est la *carie*, que l'on désigne encore sous les noms de *blé éteint, bouton, charbon, blé niellé*, etc., etc.

Je n'ai point à me prononcer, mes amis, sur la cause de cette maladie, sur laquelle les hommes les plus savants ne sont pas d'accord. Il nous suffit de chercher les moyens de la prévenir. Un grand nombre de procédés ont été indiqués : je choisirai celui qui paraît le plus à la portée de tous les cultivateurs, et dont l'efficacité est constatée par de nombreuses expériences. J'en ai extrait la recette du registre de la section d'agriculture de la Société académique de Nantes. Ce procédé consiste :

« A laver la semence à froid, dans une lessive de cendres de bois préparée comme pour la buée, à laquelle on mêle gros comme le poing de chaux vive sur la quantité de deux décalitres de lessive. Un décalitre de cendres est nécessaire pour cette quantité. Un baquet, ou une demi-barrique suffit pour plus d'un setier[1] de froment. On se sert avantageusement pour ce lavage d'un panier d'osier qu'on remplit à chaque fois, de manière que les grains soient bien remués en tous sens, afin que, généralement imbibés, les bons tombent au fond et soient ainsi séparés de ceux de mauvaise qualité qui surnagent et que l'on enlève. Après avoir égoutté, on vide successivement le panier sur un plancher ou un carrelage. A la suite de ce bain, et avant que le grain soit sec, on répand sur le tas de la poussière de chaux vive, en prenant le soin de remuer promptement le grain pendant cette opération, et de le retourner avec une pelle en bois pour que toutes les parties humides soient bien pénétrées et que le grain, redevenu sec, soit blanc et poudré to-

1. Environ 150 litres.

talement de chaux. Il faut observer que la chaux ne doit pas être éteinte à grande eau, mais *fusée*, c'est-à-dire réduite en poudre au moyen de quelques gouttes d'eau seulement répandues sur chaque pierre de chaux, et qu'il n'en faut ainsi éteindre que la quantité nécessaire à chaque opération. »

On peut remplacer la lessive (et c'est le procédé indiqué par M. Matthieu de Dombasle) par une dissolution de *sulfate de soude* dont on dissout 92 grammes par litre d'eau ; mais rien ne peut remplacer la chaux, qu'il faut toujours employer comme nous venons de le dire.

Puisque nous nous occupons de la conservation des froments, l'occasion semble favorable pour vous faire connaître un autre procédé destiné particulièrement à les préserver de l'attaque des charançons dans les greniers. Je ne saurais vous en garantir la réussite complète; mais il est si simple, si peu dispendieux et d'une exécution si facile, que chacun de vous peut en faire l'essai. Il consiste uniquement à frotter le plancher du grenier et la pelle de bois qui sert à retourner le grain avec des oignons ordinaires. Il faut, en outre, déposer dans les tas quelques autres oignons, sans qu'il soit nécessaire de les rompre. Bientôt on voit les charançons fuir et chercher un asile dans des lieux où cette odeur ne les atteigne pas. L'odeur de l'oignon ne se communique pas au grain, comme on pourrait le croire ; et, dans tous les cas, quelques instants d'exposition à l'air suffiraient pour la faire disparaître.

Seigle.

Ce que nous venons de dire sur la culture du froment s'applique également au seigle, quant aux travaux d'ensemencement et aux préparations à donner au sol.

Le seigle est moins difficile que le froment sur la qualité du terrain ; il préfère les terres légères aux terres fortes et argileuses.

Le seigle se sème dans le courant du mois d'octobre. Mêlé au froment par portions à peu près égales, on en fait un pain grossier, mais très-nourrissant, en usage dans plusieurs cantons des départements de l'Ouest, où il est connu sous le nom de *pain de méléard* ou *méteil.*

Le seigle est sujet à une maladie qu'on nomme *ergot,* parce que les grains s'allongent en forme légèrement courbée et ressemblant à l'éperon d'un coq. L'ergot est occasionné par la présence d'un champignon vénéneux, qui peut causer des coliques et même la mort par empoisonnement, s'il y en avait en trop grande abondance. Le lait est le meilleur contre-poison dans ces accidents.

Quelques expériences font penser qu'on peut préserver le seigle de l'ergot, en employant le même procédé que pour prémunir le froment contre la carie.

Orge.

La culture de l'orge appartient aux ensemencements du printemps. Elle s'associe parfaitement avec la formation des prairies artificielles et particulièrement avec le trèfle commun. L'orge s'accommode assez de tous les sols comme de tous les engrais ; cependant ceux à base calcaire semblent lui convenir d'une manière plus spéciale.

L'orge et le seigle, semés vers la fin de l'été, peuvent fournir une bonne nourriture aux bestiaux pour la fin de l'automne ; c'est ce qu'on nomme de la *verte.*

Sarrasin ou Blé noir.

Le blé noir se sème depuis le 15 mai jusque vers la moitié de juin ; il demande à être semé clair et dans un terrain sec; il préfère la terre argilo-calcaire à la terre siliceuse, dans laquelle cependant on le voit prospérer, pourvu qu'elle soit bien fumée. Les engrais qui conviennent spécialement aux blés noirs sont les engrais pulvérulents et énergiques, tels que la tangue, le noir animal, la poudrette, les cendres et charrées, les mélanges de chaux et de terreau ou de terre levée dans les chintres ou fourrières, etc., etc. Le blé noir est encore une des plantes qui peuvent servir le plus utilement pour les fumures vertes. Il faut alors le semer dru et l'enfouir un peu avant la floraison. C'est une des meilleures préparations qu'on puisse donner à la terre pour l'ensemencement du froment à l'automne suivant.

Nous verrons, en parlant de la culture du trèfle, que cette plante réussit mieux semée parmi le blé noir qu'avec aucune autre céréale.

Avoine.

L'avoine demande moins de préparations et moins d'engrais que les grains dont nous venons de parler, mais elle épuise beaucoup le sol. De là cette défense consignée dans la plupart des baux à ferme, de faire deux avoines successivement. Cette plante n'est pas difficile sur la qualité du terrain, elle vient à peu près partout; cependant elle préfère les terres fortes. On la sème ordinairement à l'automne, dans le courant d'octobre. Il existe plusieurs variétés d'avoine : l'une d'elles, peu répandue encore et cependant l'une des plus avantageuses, est la grande avoine (*avena elatior*); sa paille élevée sert de fourrage d'hiver aux bestiaux en la mélangeant, après l'avoir hachée, avec du foin et des racines alimentaires, telles que la pomme de terre, la betterave, le rutabagas, etc., etc.

Une autre variété d'avoine, que l'on sème au printemps et même dès le mois de février, lorsque la température le permet, porte le nom d'*avoine noire*, à cause de sa couleur. Quoique moins avantageuse que l'avoine d'automne, elle peut, dans quelques circonstances, remplacer celle-ci, lorsque, après un hiver rigoureux, les ensemencements d'automne ont beaucoup souffert. L'avoine est sensible aux gelées; les verglas surtout lui portent un grand préjudice. C'est pour cela que dans quelques pays on ne brise pas les mottes après l'ensemencement, parce que, disent les cultivateurs, elles servent d'abri à l'avoine contre les frimas.

L'avoine est sujette à une maladie qui a beaucoup d'analogie avec la carie du froment. Jusqu'à ce moment, la cause de cette maladie est ignorée. On l'attribue le plus communément à certaines influences de l'air. Quelques expériences faites pour la prévenir n'ont produit aucun résultat.

Maïs ou Blé de Turquie.

La culture du maïs est peu connue dans plusieurs départements. Elle demande beaucoup de soins, une terre bien fumée et de bonne qualité, pour donner des produits avantageux. Nous en reparlerons à propos des fourrages verts, parce que, envisagé sous ce rapport, le maïs offre de grandes ressources pour la nourriture des bestiaux pendant les mois de juillet et d'août, époque à laquelle les autres fourrages viennent souvent à manquer. On sème le maïs dans le courant de mai; il est sensible aux gelées. La farine de maïs, mêlée à celle du froment, fait d'excellent pain. Le maïs concassé est la meilleure nourriture pour l'engraissement des volailles.

Mil ou Millet.

La culture du mil est à peu près la même que celle du blé noir, quant à la préparation du sol et à l'époque de l'ensemencement. Le mil se plaît dans les terrains chauds, secs et légers. Les climats sujets aux gelées, les terres fortes et argileuses, les sols humides et froids ne sauraient lui convenir.

Telles sont, mes amis, les courtes instructions que je désirais vous donner sur les ensemencements en général, et sur la culture des céréales les plus usitées et aussi les plus importantes. Souvenez-vous surtout de la notice sur le chaulage du froment, que je recommande à toute votre attention : la carie du froment est un fléau contre lequel nous devons réunir tous nos efforts.

Maintenant, pour terminer notre veillée, nous allons nous entretenir des prairies naturelles et des soins qu'elles exigent. Cette matière mériterait sans doute de plus longs développements que ceux qu'il nous sera possible de lui donner ; mais le temps ne nous permet pas d'entrer dans des détails trop étendus.

Prairies naturelles.

Les prairies naturelles sont destinées à produire les fourrages secs pour l'hiver. Le foin est pour les bestiaux, dans cette saison de l'année, ce que sont, pendant le printemps et l'été, les fourrages verts recueillis dans les prairies artificielles dont nous parlerons à notre prochaine réunion ; on ne doit donc rien négliger pour en augmenter la quantité et la qualité.

Cependant, mes amis, il ne faut pas exagérer l'importance que doivent avoir les prairies naturelles ; j'ai constamment remarqué que, dans une trop grande proportion par rapport aux terres labourables, elles étaient une cause de retard pour l'agriculture. Voulez-vous en savoir le motif, car je m'aperçois que vous paraissez douter; le voici : quand un cultivateur a beaucoup de prairies, il néglige les autres cultures fourragères ; alors avec une nourriture abondante, sans doute, ses bestiaux sont cependant mal nourris ; ils rendent moins, font moins de fumier parce qu'on les tient trop longtemps au pâturage. Les terres ne s'améliorent pas comme elles le feraient par la seule culture des plantes sarclées et des prairies artificielles, et la quantité des fumiers se trouvant toujours au-dessous des besoins, les produits ne sont pas ce qu'ils devraient être.

Dans une exploitation bien dirigée, l'alimentation du bétail par le foin ne doit pas dépasser 14 pour 100 ou environ un septième de la nourriture journalière. Si vous voulez une autre base de calcul, je vous recommande celle-ci : disposez votre exploitation de telle sorte que vos prairies qui devront fournir le foin nécessaire à votre bétail (bœufs, vaches et moutons) aient une étendue égale au onzième environ des terres labourables. Ainsi, si vous avez 10 hectares de terres labourables, vous devez avoir en prairies 1 hectare 11 ares. Cette quantité, bien entretenue, suffira largement à vos besoins avec une culture intelligente. Elle serait insuffisante avec une mauvaise culture.

J'entends Philippe qui demande ce que l'on fera de l'excédant du foin si on a une proportion plus considérable de prairies. Voici ma réponse : ayant plus de foin que ne doivent en consommer vos bêtes à cornes, vous vendrez le surplus à la ville pour la nourriture des chevaux, ou vous élèverez vous-même des chevaux, et si vous prenez le soin d'avoir de bonnes poulinières, vous ferez des élèves que vous vendrez plus tard pour la remonte de la cavalerie. Il y a trop longtemps que la France s'approvisionne de chevaux à l'étranger; il ne tient qu'aux agriculteurs de l'affranchir de ce tribut onéreux qu'elle paye chaque année.

Je reviens aux prairies : outre le choix qu'un bon cultivateur doit faire des semences et du terrain les plus propres à la formation des prairies, ce genre de culture demande des soins particuliers, de la nécessité desquels on ne se pénètre pas assez. A voir la négligence de la plupart des cultivateurs, on serait tenté de croire que les prairies ne sont pour eux que d'une utilité très-secondaire. Comme vous ne partagez sans doute pas cette opinion, voyons donc quelles sont les conditions d'une bonne prairie.

Les terres fortes et argileuses, celles qui, par leur position, peuvent recevoir les eaux et conserver plus de fraîcheur, sont les plus propres à former des prairies; aussi choisit-on habituellement pour cette destination les terrains qui bordent les ruisseaux ou les rivières. Les lieux élevés, les sols légers et sablonneux doivent être réservés pour d'autres cultures. En traitant des assolements, je vous ai parlé des *prairies temporaires*; les derniers terrains que je viens de vous désigner peuvent, malgré leur peu d'aptitude pour être mis en prairies que j'appellerai *permanentes*, par opposition à celles-ci, être très-utilement consacrés, pendant quelques années seulement, à la production du foin. Il ne faut pas confondre cette méthode avec la conservation des *jachères-pâtures*. Pour la prairie temporaire, la terre doit être préparée par un bon labour et dressée à plat, afin de faire disparaître les traces et les inégalités des sillons. Elle doit, en outre, recevoir un ensemencement particulier de graminées, en rapport avec la nature du sol, lors même qu'elles ne devraient servir qu'au pâturage. Un cours d'eau que l'on peut diriger sur une prairie est un trésor pour le cultivateur qui sait en tirer parti.

Toutes les eaux cependant ne sont pas également bonnes; les plus mauvaises sont celles qu'on nomme vulgairement *eaux crues :* elles contiennent un sel (la sélénite) qui est défavorable à la végétation, que souvent elles retardent, en refroidissant le sol qu'elles arrosent. Il y a un moyen bien simple de les améliorer, qui consiste à creuser un réservoir dans lequel on dépose de temps en temps des fumiers; en faisant séjourner l'eau dans ce réservoir avant de l'envoyer sur la prairie, elle se charge des parties de fumier faciles à dissoudre, et perd par là sa crudité. Les eaux les meilleures sont celles qui portent avec elles le plus de parties animales ou végétales dissoutes : aussi les nomme-t-on *eaux grasses;* telles sont les eaux savonneuses, les eaux de rouissage, celles qui, passant près des habitations, entraînent avec elles des urines et des déjections animales.

Si dans les prairies l'humidité est indispensable, en trop grande abondance elle devient souvent funeste.

Les eaux croupissantes sont un fléau dont un cultivateur intelligent doit savoir se garantir. Il ne doit jamais perdre de vue qu'après avoir donné à la prairie une quantité d'eau suffisante pour l'entretenir dans un état d'humidité nécessaire à la végétation, la surabondance de l'eau doit s'écouler; nous allons parler tout à l'heure des divers systèmes d'irrigation, et dire comment doivent être disposés les canaux.

Je vous ai parlé du *drainage*, et je vous ai expliqué en quoi consistait cette pratique trop peu répandue. C'est surtout dans les prairies trop mouillées que le drainage serait avantageux; ce serait le meilleur moyen de conserver dans le sol une humidité suffisante et de faire disparaître l'excès qui est si nuisible non-seulement à la production, mais encore à la santé des habitants en donnant naissance à des fièvres qui déciment quelquefois la population.

Une bonne prairie doit présenter une surface unie, conservant une pente égale et régulière de la partie la plus élevée à la partie la plus basse. On doit en faire disparaître toutes les buttes, toutes les inégalités, dont la terre servira pour exhausser les endroits où l'eau peut séjourner et croupir. Un bon procédé pour enlever les buttes consiste à les détacher du sol, tout autour, au moyen d'une fourche courbe; une fois renversées, on enlève toute la terre et on replace le gazon qu'on foule alors et qui ne souffre pas de cette opération. Elle se fait à l'automne ou au printemps, avant la pousse des herbes.

Toutes les plantes, quelles qu'elles soient, ont besoin d'être alimentées, et le défaut d'engrais nuit autant aux prairies qu'aux autres cultures. Les engrais liquides sont particulièrement convenables, et surtout le purin, qui fertilise d'une manière remarquable les endroits élevés sur lesquels on ne peut diriger les eaux. Viennent ensuite les engrais réduits en poussière et qu'on nomme pour cela pulvérulents, la chaux, le plâtre, la poudrette, les terreaux et vases de mer, les cendres et charrées, que j'aurais peut-être dû mettre en première ligne par la propriété qu'elles ont de favoriser le développement du *petit trèfle*. Les engrais ont pour effet de faire disparaître le jonc et la mousse, dont le premier croît dans les parties humides, et l'autre dans celles qui sont privées d'humidité.

Pour détruire le jonc, la première précaution est de pratiquer des écoulements; elle doit toujours précéder l'application des engrais.

Lorsque la mousse résiste à l'emploi des engrais, il n'y a pas d'autre parti à prendre que de labourer la prairie, d'y cultiver d'abord des pommes de terre ou des choux, puis une céréale, et enfin, de l'ensemencer en trèfle pour la convertir de nouveau en prairie. Vous comprenez bien que cela ne pourrait pas avoir lieu dans les prairies qui, chaque année, sont couvertes d'eau par les inondations. Ce ne sont pas aussi de celles-là que nous voulons parler en vous indiquant les procédés suivants relatifs à l'arrosement.

On a demandé quel est le meilleur système d'arrosement, celui par *filets* ou celui par *nappes* d'eau.

L'arrosement par *filets* est celui qui distribue l'eau, au moyen de petites rigoles, dans différentes parties de la prairie, où elle s'infiltre à travers les terres.

L'arrosement par *nappes* consiste à réunir les eaux dans un réservoir, et à les maintenir à un niveau au delà duquel elles s'échappent en même temps, de manière à couvrir une grande surface. Ce dernier procédé est incontestablement supérieur à l'autre, toutes les fois que la disposition naturelle du terrain permet de l'exécuter. L'eau se répandant ainsi par nappes porte également par toute la prairie les parties limoneuses et fertilisantes qu'elle tient en suspension; tandis que, par l'irrigation par filets, quelques parties seulement en profitent et les autres en sont privées.

Quel que soit le cours d'eau dont on peut disposer, il ne faut pas négliger de distribuer ses canaux de telle sorte qu'au moyen de barrages on puisse élever successivement le niveau de l'eau dans toutes les parties. Ces barrages sont peu dispendieux, et nous ne saurions trop en recommander l'usage trop peu répandu. C'est en partie à cette méthode que les cultivateurs de la Normandie et de la Beauce doivent la fertilité si extraordinaire de leurs pâturages.

La distribution des canaux doit encore être telle qu'on puisse, selon le besoin de la saison, arroser la prairie ou la dessécher. Ainsi je suppose une prairie dans la forme suivante :

COURS D'EAU.

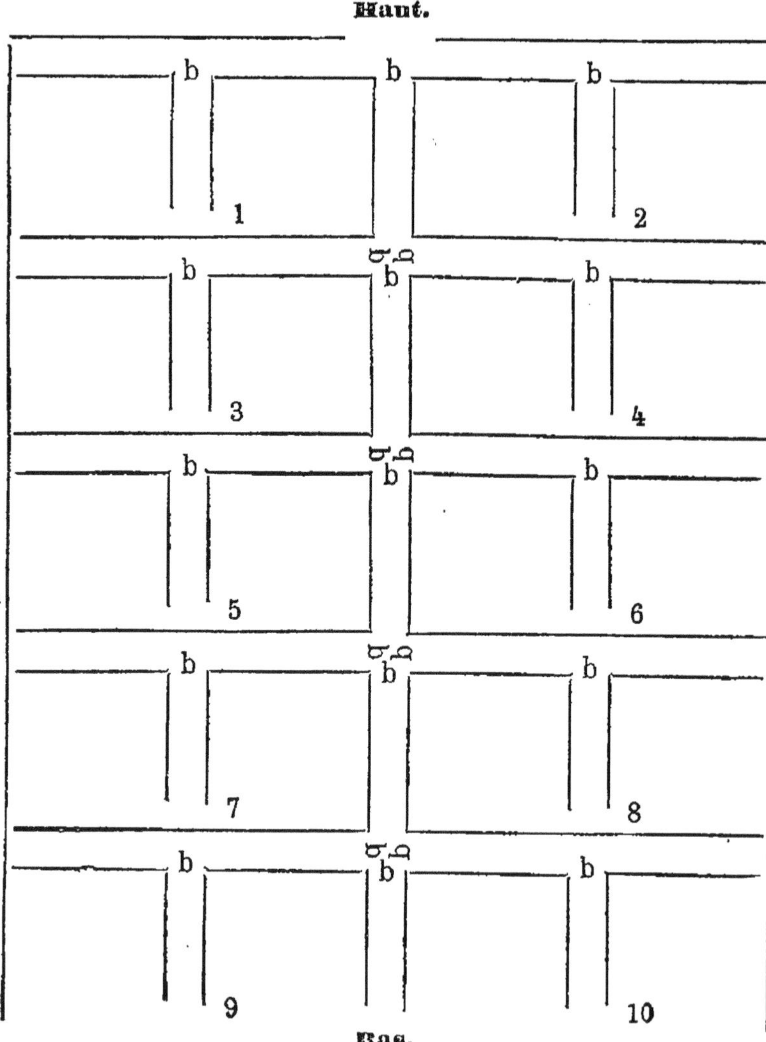

A chaque point marqué d'un *b* pourrait être placé un barrage, que l'on fermerait ou que l'on ouvrirait à volonté, pour laisser à l'eau la faculté de circuler dans les canaux et de se répandre par nappes sur les pièces de gazon indiquées par les numéros, puis de s'écouler convenablement de manière à ne séjourner dans aucune portion de la prairie.

Enfin, mes amis, les plantes les plus propres à former les prairies naturelles *temporaires* ou *permanentes* sont : les *fétuques rouges des prés*, les *loliacés*, les *agrostis*, la *fléole des prés*, la *flouve odorante*, les *paturins*, le *ray-grass*, la *lupuline* ou *petit trèfle jaune*, celui-là même dont le développement est si considérable par l'emploi des cendres, le *vulpin des prés*, et la *cretelle*, qui convient particulièrement aux prairies élevées et aux sols secs.

Dans notre prochain entretien, nous commencerons à examiner ce qui a rapport aux prairies artificielles.

DIXIÈME ENTRETIEN.

PRAIRIES ARTIFICIELLES.

Utilité des prairies artificielles sous le rapport des engrais. — De l'augmentation du bétail. — Luzerne.

Malgré le froid qui commençait à devenir piquant, personne ne manquait au rendez-vous, et l'on s'entretenait de ce qui avait fait le sujet de la dernière réunion. L'instruction de Jérôme, sur les moyens de préserver les blés de la carie, était venue fort à propos. Aucun des amis de notre cultivateur n'avait omis de *chauler* sa semence; et comme ses conseils avaient toujours été accompagnés d'une réussite complète, quand on les avait exactement suivis, aucun ne doutait du bon résultat qu'aurait cette opération à la prochaine récolte. Il s'éleva un petit débat sur le mode des labours; Julien persistait à préférer les sillons, et il apportait pour motif que sa terre était trop forte pour la mettre en planches. Jean-Marie maintenait que ce dernier système est préférable, d'autant plus qu'il s'accommode mieux avec l'emploi de l'*araire*, ou charrue Dombasle, qu'il avait eue avec prime de moitié de son prix de vente, ayant été, parmi les petits cultivateurs, l'un des premiers à l'adopter dans sa commune, et qu'il trouvait une énorme différence dans la qualité du labour fait avec cet instrument, comparé à celui qu'il faisait avec son ancienne charrue.

Hippolyte s'était empressé d'aller pratiquer des canaux dans sa prairie qui, en deux jours, s'était complétement dénoyée; et déjà elle avait repris un aspect de fertilité qu'elle n'avait pas eu depuis longtemps. Enfin le petit Olivier avait passé toute une journée à tuer des charançons qui fuyaient de toutes parts le long des murs du grenier, parce qu'il avait mis des oignons dans les tas de grains qu'il avait retournés avec la pelle frottée et bien imprégnée du jus de cette plante.

Jérôme, que des soins à donner à une de ses vaches, qui était *météorisée*, avaient retenu quelques instants, arriva et ouvrit la séance.

Utilité des prairies artificielles sous le rapport des engrais.

Point de bonne agriculture sans engrais, dit-il alors à ses amis; savoir en augmenter la masse, c'est trouver la clef de la science agronomique, et c'est sous ce premier point de vue que j'envisagerai les prairies artificielles; je vous démontrerai ensuite leur utilité sous le rapport de l'amélioration qu'elles apportent à la nature même du sol.

Lorsque je vous ai engagés à supprimer les jachères, en vous démontrant leur inutilité comme pâturages, je vous ai promis de vous indiquer les moyens de les remplacer avec avantage. Le premier, c'est l'établissement des prairies artificielles.

On nomme *prairies artificielles* des champs ensemencés de plantes destinées, soit à être données en vert aux bestiaux, soit à être fanées et conservées comme fourrage sec pour l'hiver, et augmenter ainsi la provision du foin recueilli dans les *prairies naturelles*.

Pour bien concevoir toute l'importance des prairies artificielles, rappelez-vous ce que je vous ai dit des avantages d'une nourriture saine, abondante et substantielle donnée à vos bestiaux. Ces avantages, vous les trouverez tous dans cette culture. Au lieu de conduire vos bestiaux dans des pâturages stériles, et sans cependant les priver d'un exercice salutaire et même indispensable, fournissez-leur à l'étable une quantité suffisante d'aliments sains et bien nourrissants, n'en résultera-t-il pas une augmentation de produits et d'engrais? Si, au lieu de dix vaches, vous pouvez sur la même exploitation en avoir quinze ou dix-huit, n'y aurez-vous pas un énorme bénéfice? Eh bien! les prairies artificielles vous procureront tout cela.

Lorsque vos bestiaux sont à la pâture depuis le matin jusqu'au soir, comme c'est l'ordinaire dans les jours tempérés du printemps et de l'automne, ils ont bientôt brouté tout ce qui s'y trouve d'herbe, et la masse de vos fumiers n'en augmente pas; au contraire, l'engrais qu'ils y déposent est presque entièrement perdu, souvent ils rentrent à l'étable à la fin de la journée avec un appétit dévorant, que n'a fait qu'accroître l'exercice qu'ils ont fait pour chercher inutilement une mauvaise nourriture. Vos vaches alors tarissent, et leur maigreur atteste la diète sévère à laquelle vous les condamnez. Vous êtes obligés, pour ne pas les laisser mourir de faim, d'entamer de bonne heure à l'automne vos provisions d'hiver, et au printemps vous n'avez plus rien à leur donner.

Avec les prairies artificielles, vous ne laisserez vos bestiaux dehors que pendant le temps nécessaire pour qu'ils fassent un exercice modéré; rentrés à l'étable, ils y trouveront, selon les climats et les saisons, du trèfle incarnat, du trèfle ordinaire, de la luzerne, du sainfoin, du ray-grass, etc., que vous aurez eu la précaution de faire mettre dans la mangeoire, et les produits qu'ils vous donneront seront doubles de ceux que vous obtenez avec vos jachères et vos pâtures; presque aucune partie de vos engrais ne sera perdue; vos réservoirs à purin se rempliront plus promptement, et vos bestiaux seront en meilleur état. Peut-être n'est-il pas trop convenable de comparer l'homme aux animaux; mais cependant remarquez la différence qui existe entre l'état de santé, de force, d'embonpoint de l'homme qui mange à sa faim et à des repas réglés qu'il trouve toujours prêts, une nourriture proportionnée à ses besoins, et celui du pauvre diable que la faim travaille, et à qui la pitié donne de loin en loin un morceau de pain qu'il est souvent obligé d'aller quêter à plus d'une porte!

De l'augmentation du bétail.

Je viens de vous dire que les prairies artificielles vous donneront la faculté d'augmenter le nombre de vos bestiaux, sans que votre exploitation soit plus considérable; je vais vous le démontrer.

Lorsque vous n'avez à donner à vos bestiaux que l'herbe des jachères avant la fauche, ou celle des prairies naturelles après cette époque, et que l'on appelle le *regain*, que votre récolte de foin est peu abondante, vous êtes obligés de proportionner le nombre de vos bestiaux à cette petite quantité de nourriture. Remplacez les deux tiers de vos jachères ou seulement un tiers par des ensemencements de plantes fourragères que vous couperez, les unes, une fois seulement, comme le trèfle incarnat; les autres, trois, et souvent quatre fois depuis le mois d'avril jusqu'à la fin de septembre. Ayant alors pendant ces six mois plus du double de nourriture, vous pouvez augmenter dans la même proportion le nombre de vos bestiaux, qui vous donneront aussi le double de produits et d'engrais. — Je comprends parfaitement cela pour la moitié de l'année, dit Pierre; mais, lorsque nous nous serons ainsi chargés d'une grande quantité de bestiaux, qu'en ferons-nous l'hiver, où nous n'aurons pas la ressource des prairies artificielles? Ce que nous en avons déjà est plus que suffisant pour consommer tout notre foin; il nous faudra donc les vendre à bas prix : alors où sera le bénéfice?

— Cette observation est très-juste, mon vieil ami, répondit Jérôme, et je concevrais tout votre embarras si vous deviez vous borner à la culture des plantes qui forment les prairies artificielles. Après vous avoir démontré les moyens d'augmenter le nombre de vos bestiaux pendant l'été, je vous indiquerai ceux que vous devez employer pour les bien nourrir pendant l'hiver. Mais n'anticipons pas; d'ailleurs, comptez-vous pour rien tout ce qu'un plus grand nombre de bestiaux vous aura donné de profit pendant six mois : le lait et le beurre de douze vaches, par exemple, au lieu de six; le nombre de veaux que vous aurez vendus; les porcs et les bœufs que vous aurez engraissés; le fumier qu'ils vous auront fourni, et tant d'autres avantages qui vous indemniseraient bien au delà de la perte que vous éprouveriez sur la vente de quelques têtes de bétail, si toutefois vous étiez dans la nécessité d'en vendre et que vous y perdissiez quelque chose? Dussiez-vous être dans ce cas, vous y gagneriez encore beaucoup : ainsi ne vous effrayez pas, et revenons à ce que je vous disais. Vous comprenez bien tous qu'ayant plus de nourriture, vous pouvez avoir plus de bestiaux; cela n'a pas besoin de développements, et c'est le premier avantage que vous procureront les prairies artificielles.

— Je conçois parfaitement, Jérôme, lui dit Joseph,

qu'il serait beaucoup plus utile pour nous d'accroître ainsi la quantité de nourriture à donner à nos bestiaux; mais, pour faire, comme vous le dites, des prairies artificielles, il faut fumer la terre que nous y destinerons; et, comme les engrais nous manquent, c'est le commencement qui m'embarrasse, car nous n'avons pas le moyen d'acheter des engrais. Ah! si j'avais de la fortune comme j'ai de la bonne volonté, vous ne verriez pas un de mes champs en jachère. Et puis vous nous avez parlé de trèfle incarnat, de trèfle ordinaire, de luzerne, de ray-grass; est-ce que nous pouvons choisir indifféremment l'une ou l'autre de ces plantes? Prospéreront-elles également dans tous les terrains? Offrent-elles toutes les mêmes avantages?

— Vos questions se pressent avec rapidité, mon ami, reprit Jérôme; j'en suis charmé et je vais y répondre. Vous déplorez d'abord votre peu de fortune, qui n'est pas en rapport avec votre désir d'améliorer et la bonne volonté que vous témoignez; avec de la prudence et une sage économie, on peut tout concilier.

Commencez par mettre en prairies artificielles une petite partie de vos terres; l'année suivante vous augmenterez, jusqu'à ce qu'enfin vous puissiez convertir de la sorte la majeure partie de vos jachères; mais n'entreprenez pas de tout faire dès la première année, ce serait le moyen de ne rien faire de bien. En augmentant progressivement la quantité de vos prairies artificielles et le nombre de vos bestiaux, vous vous apercevrez à peine du surcroît de dépenses que cela vous occasionnera, et les bénéfices viendront peu à peu accroître votre richesse.

Les diverses plantes que je vous ai désignées ne viennent pas également bien dans tous les terrains. Le climat, l'exposition et la nature du sol influent beaucoup sur leur durée et leur végétation. Je vais, à cet égard, entrer dans quelques détails sur chacune d'elles, sans prétendre vous donner cependant des règles certaines sur le choix que vous devez faire. L'expérience est en cette matière le meilleur guide que vous puissiez suivre, et c'est un motif de plus de vous engager à faire des essais; mais à les faire en petit, afin de vous éviter des pertes trop considérables, et qui pourraient vous décourager, si la réussite ne répondait pas à votre attente.

Luzerne.

Parmi les plantes dont on peut former les prairies artificielles, celle qui vient en première ligne, c'est la luzerne.

Un savant botaniste (Tournefort) décrit ainsi cette plante : « La luzerne est une plante vivace, qui pousse des tiges à la hauteur de deux pieds, rondes, droites, assez grosses et rameuses. Ses feuilles sont rangées trois à trois comme celles du trèfle; ses fleurs sont légumineuses, de couleur purpurine, soutenues par des calices dentelés. Lorsque ces fleurs sont passées, il paraît des fruits composés chacun de deux lames, qui, jointes par les bords, font une bande roulée et couchée sur elle-même comme le pas d'un tire-bourre. On trouve entre ces deux lames des semences menues, qui ont la figure d'un petit rein. Elle produit une racine ligneuse, pivotante, plus ou moins longue, suivant que le fonds est facile à percer. » (*Histoire des plantes.*)

Cette plante est, au dire de tous les auteurs, une des meilleures nourritures que l'on puisse donner aux chevaux, ânes, mulets, bœufs, vaches et moutons.

Les prairies artificielles ensemencées en luzerne

durent plus longtemps que les autres; mais aussi elles sont beaucoup moins vite en plein rapport. Ce n'est qu'au bout de trois années qu'elles donnent un produit abondant; c'est pour cela qu'elles conviennent moins que celles ensemencées en trèfle dans l'assolement alterne. Il ne faut cependant pas les négliger, surtout dans les grandes exploitations.

La culture de la luzerne demande un sol profond, bien fumé et une terre légère. Elle ne réussit pas dans les terrains argileux et mouillés; le sol sablonneux est celui dont elle s'accommode le mieux, pourvu qu'il soit riche en sucs nutritifs. La racine de la luzerne descend ordinairement à une assez grande profondeur, et périt si elle rencontre la terre glaise pure ou l'eau.

Cette plante nuit aux arbres, comme les arbres lui nuisent : aussi a-t-on coutume de la semer de préférence dans les plaines.

La terre que l'on destine à un ensemencement de luzerne doit être préparée par plusieurs labours, et plusieurs mois à l'avance. Plus elle sera ameublie, plus vous pourrez compter sur la réussite. L'emploi de la herse pour bien diviser le sol, et du rouleau pour écraser les mottes, produit le meilleur effet. Employez surtout et en abondance du fumier bien consommé.

La luzerne se sème depuis la fin de mars jusque dans le courant de mai; il faut la répandre sur la terre à la volée, et plutôt drue que claire. 30 kilog. (60 livres) de graines suffisent pour ensemencer convenablement un hectare. On recouvre la semence en passant sur la terre une herse légère ou simplement un faisceau d'épines, puis le rouleau. On peut, à la rigueur, se dispenser de cette dernière opération; cependant, je vous conseillerai de ne pas l'omettre, parce que la graine, mieux tassée, lève plus également, lorsque le sol est plus uni et un peu affermi. C'est le matin, à la rosée, ou lorsqu'il y a du brouillard, et par un temps calme, qu'il faut semer la luzerne : le grand vent, comme l'ardeur du soleil, nuit beaucoup au développement du germe.

Lorsque vous donnerez la luzerne en vert à vos bestiaux, évitez qu'elle soit mouillée de rosée ou de pluie, dans la crainte de leur occasionner des tranchées venteuses, qui produisent ce que l'on nomme la *météorisation* ou *enflure*. La même précaution doit être prise pour le trèfle. Comme les accidents de cette nature sont fréquents, je vous indiquerai les moyens d'y remédier, en vous parlant des diverses maladies qui affectent le plus souvent les vaches et autres animaux domestiques.

La luzerne doit être donnée avec modération, surtout lorsqu'on la coupe avant que les boutons à fleurs paraissent, parce qu'alors elle purge trop les bestiaux. Pour les accoutumer à cette nourriture, commencez à leur en donner seulement une fois le jour en petite quantité, en augmentant la ration progressivement; sans que jamais elle excède plus de 4 à 5 kilogrammes par chaque ration pour les animaux de petite taille. Il serait dangereux d'en donner davantage ; la suffocation pourrait être la suite d'une trop grande abondance.

Enfin, mes chers amis, la luzerne fait un excellent fourrage sec pour l'hiver, et peut même se conserver plusieurs années sans perdre sa qualité, lorsqu'elle a été fauchée et fanée à un degré de maturité suffisant. Je vais à cet égard vous donner quelques indications.

Pour faire de bon foin de luzerne n'attendez pas qu'elle soit parfaitement mûre, comme on le fait communément, quoique à tort, pour le foin des prairies naturelles; saisissez l'instant où les boutons à fleurs commencent à se développer, et faites-la faner plutôt à l'ombre qu'au soleil, en ayant soin de la sécher le plus promptement possible, et de la retourner souvent. Mise en meules avant d'être entièrement desséchée, elle s'échauffe facilement et pourrit. Voici un moyen d'éviter cet inconvénient : lorsque la pluie venant à tomber retarderait la coupe de votre luzerne et nuirait à la qualité du fourrage, faites avec des perches ou gaules un échafaudage élevé à 18 ou 20 centimètres au-dessus du sol. Placez dessus votre luzerne en formant un cercle, de manière que le milieu reste vide, à quelque hauteur que vous éleviez ce que j'appellerai, pour que vous me compreniez bien, vos murailles de luzerne. L'air pénétrant dans l'intérieur, en passant sous l'échafaudage, empêchera la luzerne de fermenter et la conservera saine pendant assez de temps pour que les pluies cessent, et que vous puissiez étendre votre fourrage pour achever de le sécher. Ce procédé bien simple peut s'appliquer à tous les foins. Il y a longtemps qu'il est connu et mis en pratique dans quelques parties de la France. Je vous engage, mes chers amis, à l'adopter vous-mêmes; vous y trouverez l'avantage d'avoir toujours de bon foin, même dans les années pluvieuses.

Je dois, en terminant cette courte instruction sur la culture de la luzerne, vous dire quand vous devez en recueillir la graine. Cette récolte est une opération bien importante, parce que cette semence est toujours d'un prix assez élevé.

Il faut choisir, pour cela, l'époque à laquelle le champ que vous avez ainsi ensemencé offre la végétation la plus belle. C'est ordinairement lors de la seconde coupe de la troisième année.

Lorsque la graine de luzerne est mûre, ce que l'on reconnaît en voyant les gousses ou lames qui la contiennent se dessécher et s'entr'ouvrir, on fauche la plante par le pied, ou on se contente de couper la tête des tiges. On les expose alors au soleil pour forcer les lames à s'ouvrir, puis on les bat avec des fléaux, ou on les froisse entre les mains, parce que les graines se détachent difficilement de leur enveloppe.

Après cette opération, et quand la graine est nettoyée, gardez-vous bien de la mettre en monceaux dans vos greniers ; il faut qu'elle soit étendue et remuée souvent, jusqu'à ce qu'elle soit parfaitement sèche; autrement elle germerait et serait perdue.

Les tiges de luzerne qui ont produit la graine, quoique dures et peu nourrissantes, doivent être coupées immédiatement après la récolte; en les laissant, elles nuiraient à la pousse de la troisième coupe. Ce que vos bestiaux ne mangeront pas servira pour la litière.

Ne permettez le pâturage à vos bestiaux dans les prairies de luzerne, que vers le mois de novembre, si vous voulez les conserver pendant plusieurs années en bon rapport.

Ainsi que vous le verrez dans le prochain entretien, il y a beaucoup de ressemblance entre la culture de la luzerne et celle du trèfle commun, qui ne le cède en rien dans son utilité à la première. Peut-être même, dans certains cas, peut-elle être considérée comme plus avantageuse.

ONZIÈME ENTRETIEN.

SUITE DES PRAIRIES ARTIFICIELLES.

Trèfle incarnat. — Trèfle commun. — Trèfle à fleurs blanches. — Sainfoin. — Ray-grass. — Grande chicorée. — Spergule. — Serradelle. — Vesce ou Jarosse. — Verte. — Lupin blanc. — Ajonc.

Je vous ai parlé, dans le dernier entretien, mes bons amis, dit Jérôme, de la luzerne, de sa culture et de ses avantages ; aujourd'hui nous allons nous occuper des diverses espèces de trèfles.

Les plus cultivées sont le *trèfle commun* et le *trèfle incarnat*. Nous commencerons par le trèfle incarnat, parce que les autres espèces ont entre elles plus de rapports pour la culture et la durée.

Trèfle incarnat.

Cette plante, que l'on nomme aussi *trèfle rouge*, *trèfle farouche*, est un des meilleurs fourrages connus.

Le trèfle incarnat est une plante du plus bel aspect ; ses tiges grasses et rameuses, son feuillage épais et nourri, sa fleur d'un beau rouge formant un chaton de la longueur de 7 à 8 centimètres, l'ont fait cultiver comme plante d'agrément avant qu'on la cultivât comme fourrage. Le trèfle incarnat s'élève souvent à la hauteur de 70 à 80 centimètres, et quelquefois plus. On sème le trèfle incarnat depuis le 15 août jusque vers le 15 septembre, immédiatement après la récolte du froment, du seigle ou de l'avoine. Plus on le sème tôt, plus il est précoce au commencement du printemps suivant. Il faut que le trèfle incarnat ait acquis de la force avant que les gelées viennent le saisir ; car il est sensible au froid dans sa jeunesse, et en le semant trop tard, on s'expose à compromettre l'espoir de la récolte que l'on doit en attendre. Que le laboureur se hâte donc, et mette la charrue dans son champ aussitôt qu'il est dépouillé du chaume sur lequel reposait, quelques jours auparavant, sa brillante moisson. Qu'il se garde, au milieu de l'abondance, de se laisser aller à une molle inaction qui serait funeste; le temps du repos n'est pas encore arrivé : que dis-je? il n'arrive jamais pour l'homme intelligent et laborieux; chaque jour amène des occupations nouvelles et des travaux toujours renaissants. Heureux le cultivateur qui sait mettre le temps à profit!

Le labour donné à la terre pour l'ensemencement du trèfle incarnat doit être, en raison de sa nature, plus profond, quand elle est argileuse et forte ; plus léger, lorsque le sol est sablonneux ou calcaire. Les terrains trop humides ne sont pas propres à la culture du trèfle incarnat, ou bien il faut pratiquer de profondes saignées, afin que l'eau n'y séjourne pas, ou mieux encore il faut employer le drainage dont je vous ai parlé.

Dans les terres légères, on peut se dispenser de donner un labour à la charrue; souvent un simple hersage, exécuté à propos sur le chaume, suffit, et même est plus avantageux.

Après avoir bien ameubli la terre par l'emploi de la herse et brisé toutes les grosses mottes avec le rouleau, on sème à la volée, et le plus également possible, la graine de trèfle incarnat, dans la proportion de 30 à 50 kilogrammes par hectare environ. Dans les terres sablonneuses et calcaires, il est à propos de passer encore le rouleau après la semaille, et, dans les terres plus fortes, une herse légère ou simplement un faisceau d'épines, afin que la graine pénètre bien dans le sol et y germe plus facilement.

Arrive le mois d'avril ; c'est alors que le laboureur recueille les fruits de son travail et de sa prévoyance. Une nourriture abondante et saine pour son bétail tombe sous la faux, pendant que beaucoup d'autres sont réduits à diminuer considérablement les rations du fourrage d'hiver, presque entièrement consommé dans cette saison, ou se voient forcés de vendre à bas prix une partie de ces mêmes bestiaux, qui font la richesse du cultivateur.

Le trèfle incarnat est, comme toutes les plantes que l'on confie à la terre, exposé à des chances ; les irrégularités dans les saisons, les variations dans la température, un hiver plus ou moins rigoureux, l'époque de l'ensemencement mal choisie, le plus ou le moins de soins donnés à la préparation de la terre, la qualité de la graine, et bien d'autres accidents, peuvent contrarier la réussite du trèfle incarnat comme celle de tous les genres de culture. Il ne faut donc pas se décourager si l'on échoue dans un premier essai, ou bien il faut cesser d'être agriculteur.

Oh ! la belle plante que le trèfle incarnat ! s'écria Auguste ; j'en ai vu un champ tout entier au dernier printemps, lorsque je revenais de Nantes, où j'étais allé voir mon frère, qui est jardinier. On eût dit que c'était un superbe tapis de velours. Mais, dites donc, maître Jérôme, est-ce qu'on le sème sans y mettre d'engrais, et le coupe-t-on plusieurs fois comme le trèfle ordinaire que vous avez enfoui tout grand ?...

Mon ami, répondit Jérôme, il n'est pas étonnant que vous en ayez vu un champ tout entier, et, avant peu, il faut l'espérer, ce ne sera pas chose rare. Pour répondre à votre première question, si la terre a été suffisamment fumée lors de l'ensemencement qui a précédé celui du trèfle incarnat, on peut se dispenser d'y mettre de l'engrais. Cependant pour obtenir une végétation plus forte et d'un meilleur produit, je vous conseillerai de couvrir votre trèfle incarnat d'une légère couche de fumier bien consommé, quand viendront les glaces, vers le mois de décembre, ce qui a en outre l'avantage de le préserver de la gelée. Les engrais pulvérulents, tels que *la chaux*, *le plâtre*, *les terreaux* bien mûrs, *les cendres* et *charrées*, *le noir animal*, répandus sur le trèfle incarnat vers la mi-mars font encore un très-bon effet.

Le trèfle incarnat ne se coupe pas trois et quatre fois comme le trèfle commun. Habituellement même, on ne le coupe qu'une fois. On a été jusqu'à croire qu'il ne repoussait pas après une première coupe. C'est une erreur qu'il importe de détruire; mais voici comment on peut obtenir une double récolte, écoutez-moi bien :

Si vous attendez pour couper votre trèfle incarnat qu'il soit en pleine fleur, alors certainement vous n'aurez qu'une coupe. Si, au contraire, vous le coupez avant qu'il soit en fleur, et qu'après cela vous ayez le soin de l'arroser avec le *purin*, ce précieux engrais dont je vous ai parlé, votre trèfle incarnat repoussera, non pour vous donner une récolte aussi abondante en fourrage, mais pour vous fournir une quantité considérable de graines dont vous tirerez un bon parti.

En supposant que vous ne coupiez votre trèfle incarnat qu'une fois, remarquez, mes amis, combien sa culture est avantageuse ; c'est précisément ce que l'on regarde comme un défaut dans le trèfle incarnat, qui nous le fait, à nous, trouver plus précieux; nous tenons compte, en effet, de la place qu'on lui donne dans l'assolement comme récolte intercalée : le trèfle incarnat n'occupe la terre que pendant le temps où. suivant l'usage général, on la laisse vide de tout ensemencement, depuis la récolte d'automne jusqu'à l'instant des semailles de printemps. Semé en août ou au commencement de septembre, aussitôt après la récolte du blé, le trèfle incarnat est bon à couper en avril; immédiatement après, on peut remplir la terre qui l'a porté, soit en sarrasin, soit en betterave-disette, soit en millet ou en colza. S'il fallait supprimer ou seulement retarder un ensemencement ordinaire, pour cultiver cette espèce de fourrage, nous insisterions moins sur les avantages qu'il procure; mais en le faisant entrer dans l'assolement, en l'intercalant entre deux récoltes, le cultivateur en retire un bénéfice considérable, puisque, sans déranger l'ordre de ses ensemencements accoutumés, il trouve le moyen de fournir à ses bestiaux une excellente et abondante nourriture dans le temps où les fourrages deviennent le plus rares, ce que je considère comme infiniment précieux.

Le trèfle incarnat offre en outre l'avantage d'améliorer la terre et de la nettoyer d'une grande quantité de mauvaises herbes; cela se conçoit facilement: le labour donné à la terre pour l'ensemencement de ce trèfle fait croître beaucoup de plantes dont les graines se sont répandues sur le sol à l'époque de la maturité du blé; une partie est étouffée par la végétation même du trèfle, et l'autre étant coupée avant que la graine ait pu mûrir, il en résulte que la terre s'en trouve naturellement purgée, et que la récolte suivante en est plus nette et plus propre.

Si vous voulez conserver une partie de votre trèfle incarnat comme fourrage sec, suivez la méthode que je vous ai indiquée pour le foin de luzerne, et surtout n'attendez pas qu'il soit parvenu à une complète maturité, parce qu'alors il perdrait toutes ses feuilles, et les tiges, devenues trop dures, ne fourniraient aux bestiaux qu'un mauvais aliment. Souvenez-vous aussi que la culture du trèfle incarnat ne dispense pas de celle des autres, mais elle doit lui servir d'accompagnemen : voyons donc maintenant ce qui regarde le trèfle commun.

Trèfle commun.

Le trèfle commun (*trifolium pratense purpureum*), que dans quelques pays on nomme *trémenne*, est de toutes les plantes fourragères celle dont la culture entre le plus aisément dans le système de l'assolement alterne. Il n'y a pas encore beaucoup d'années que, dans plusieurs contrées de la France, on a commencé à cultiver en grand le trèfle commun, et l'on peut dire que c'est un des progrès les plus avantageux qu'ait faits l'agriculture. L'utilité du trèfle commun est généralement reconnue aujourd'hui, et si quelques pays ne l'ont pas encore adopté, ils ne tarderont pas sans doute à le faire. Il ne s'agit donc plus que d'indiquer la place que cette culture doit tenir dans l'assolement.

Il est peu de terres dont le trèfle ne s'accommode, pourvu qu'elles contiennent suffisamment de sucs nourriciers. Celles qui paraissent lui convenir plus particulièrement sont les terres argileuses et profondes, et les terres calcaires.

On peut semer le trèfle, soit au printemps, soit à l'automne ; mais la première saison est préférable parce que dès l'automne suivant on obtient une coupe quoiqu'elle ne soit pas très-abondante. Il est encore une autre raison qui doit engager le cultivateur à semer le trèfle commun au printemps, et réserver l'automne pour le trèfle incarnat ; c'est que l'on peut, je dirai même que l'on doit semer parmi le trèfle quelques céréales, telles que l'orge, le sarrasin ou l'avoine.

Vous avez en cela double avantage : d'abord celui d'avoir deux récoltes, en second lieu, d'assurer votre trèfle contre les gelées qui souvent le dévorent. Le trèfle et les céréales semés ensemble se prêtent un mutuel appui, et ne se nuisent pas, parce que l'un, dont la racine est pivotante, va chercher sa substance à une bien plus grande profondeur que les autres, qui ne se nourrissent que des sucs contenus à la surface de la terre. Le trèfle se plaît à l'ombre, et les céréales le protégent contre les ardeurs du soleil, tandis que lui-même conserve au pied de ces céréales une fraîcheur qui rend leur végétation plus active et plus belle. Ainsi, mes amis, voulez-vous augmenter votre richesse? A tous vos ensemencements du printemps, mêlez le trèfle sans crainte! Cette méthode, que j'ai adoptée depuis longtemps, m'a toujours réussi et m'a donné les plus beaux résultats. Je fais plus; après mes ensemencements d'automne, au printemps suivant, lorsque mon froment est bien pris en herbe, je sème encore du trèfle, et passe dessus, comme je vous le disais il n'y a qu'un moment, un paquet d'épines, et c'est une des causes des belles récoltes que vous admirez. Sans doute il ne me donne pas une coupe abondante lors de la récolte du froment, mais il fournit à mes bestiaux un excellent pâturage, qui vaut bien mieux que l'herbe de vos jachères; ou coupé avec la paille qui reste après avoir enlevé les épis, et que l'on nomme *grosse paille, paille d'écot* ou *chaume*, il donne à mes vaches une assez bonne nourriture pour l'hiver, et fait économiser ma provision de foin.

La principale utilité du trèfle commun, considéré comme fourrage, consiste à le donner en vert dans les mêmes porportions que la luzerne. Comme le trèfle incarnat, il peut être fané et employé en foin pour l'hiver; mais il faut alors le mélanger par portions égales avec d'autre foin.

En donnant le trèfle en vert à vos bestiaux, évitez, comme pour la luzerne, qu'il soit mouillé de pluie ou de rosée, parce qu'il aurait les mêmes inconvénients et occasionnerait des tranchées venteuses accompagnées d'enflure, maladie toujours dangereuse.

L'usage suivi jusqu'à ce moment presque partout est de couper le trèfle pendant trois années, et c'était en quelque sorte une conséquence de l'assolement triennal. Ce mode est désavantageux pour le cultivateur, ainsi que je vais vous le démontrer :

Le trèfle augmente la première année, se soutient la seconde, et, dès le commencement de la troisième, va en dépérissant. Il en résulte qu'à cette époque, la quantité d'herbe surpasse quelquefois celle du trèfle, de sorte que la qualité de la nourriture que vous donnez à vos bestiaux n'est plus la même, et il est facile de s'en apercevoir à la diminution sensible des produits. Sous ce premier rapport, il y a donc désavantage. En second lieu, en considérant le trèfle comme engrais, ainsi que je vous l'ai dit en parlant des *fumures vertes*, il perd beaucoup de son action, n'étant plus en aussi grande quantité. Nous allons bientôt revenir là-dessus, lorsque nous aurons terminé ce qui concerne les fourrages extraits des prairies artificielles.

Si vous voulez que votre trèfle vous donne des coupes abondantes la seconde année, ayez la précaution de ne le pas faire paître par vos bestiaux après la première coupe, surtout si la terre est amollie par la pluie. Tout ce qui se trouverait foulé et enfoncé dans la terre pourrirait et ne repousserait pas. En semant le trèfle parmi des céréales, tous les engrais qui conviennent au sol conviennent également au trèfle; mais suivez pour le trèfle commun le conseil que je vous ai donné pour le trèfle incarnat.

On a demandé dans un journal *si les trèfles se plaisent sur les terres humides.* Pour répondre à cette question, il faut distinguer d'où vient l'humidité de la terre; de la nature du sol ou de celle du sous-sol?

Lorsque le sol (terre végétale) est argileux et profond, il arrive souvent qu'il est humide; mais alors cette humidité ne nuit pas ordinairement au trèfle; seulement, il en résulte que le trèfle ne dure pas aussi longtemps; sa durée, dans ce cas, n'excède pas deux années; mais, pendant ces deux années, il réussit parfaitement, parce qu'il se plaît en général dans les terrains argileux et profonds.

Si, au contraire, la couche de terre végétale est mince et légère; que l'humidité provienne de la nature du sous-sol, qui ne permet pas à l'eau de s'écouler, soit parce qu'il est compacte ou qu'il contient lui-même des sources, le trèfle ne saurait y réussir; sa végétation sera toujours faible et languissante. Voilà du moins ce que j'ai remarqué plus d'une fois. Dans les terrains qui paraissent les moins propres à la culture du trèfle, on peut encore en obtenir de très-beau, en prenant la précaution d'employer la chaux. Cette substance convient spécialement à presque toutes les plantes fourragères.

Pour récolter la graine de trèfle, choisissez le plus beau et surtout le plus net, lors de la seconde coupe de la seconde année, et laissez-le mûrir. Après avoir fauché le trèfle ainsi réservé et parvenu à maturité, laissez-le exposé à l'air et piqué debout en petites javelles pendant quelques jours, si le temps est beau; il sera plus facile alors de faire sortir la graine de l'enveloppe qui la contient. Le meilleur procédé pour extraire la graine de son enveloppe est de la piler dans une auge; on réussit mieux ainsi qu'en se servant du fléau. La graine de trèfle a, comme celle de la luzerne, besoin d'être séchée avant d'être placée au grenier, quoiqu'elle ne craigne pas autant l'humidité; mais elle sera toujours plus saine que si on l'a mise en monceaux ou en sacs sans avoir pris cette précaution.

Le trèfle est une excellente nourriture pour tous les bestiaux, et surtout pour les vaches. On engraisse parfaitement les porcs en leur en donnant en vert et mis quelques instants à tremper dans l'eau bouillante.

Un hectare de trèfle suffit, pendant la seconde année, pour nourrir 14 à 15 têtes de bétail, depuis le 15 mai jusqu'au 15 septembre, et quelquefois plus tard.

Trèfle à fleurs blanches.

Cette espèce est loin d'avoir les qualités de celles dont je viens de vous parler. En prairies artificielles, elle dure peu et ne donne pas des coupes aussi abondantes que le trèfle commun. Sa racine est plutôt traçante que pivotante, sa graine beaucoup plus petite. Je vous en parle cependant ici à cause de la propriété qu'elle a de croître parfaitement dans les lieux bas et humides, et d'y fournir un bon pâturage. La graine de ce trèfle étant plus petite foisonne davantage, et s'il faut 20 à 25 kilogrammes de trèfle commun pour bien ensemencer un hectare de terre, il en faut moitié moins de l'autre.

Ne considérant l'établissement des prairies artificielles que relativement aux fourrages, il est encore d'autres plantes dont la culture vous sera avantageuse; mais la différence des climats et du sol influe beaucoup sur leur végétation. De ce nombre sont le sainfoin, le ray-grass, la spergule et quelques autres dont l'usage n'est pas aussi étendu que celui du trèfle.

Sainfoin.

Le sainfoin est préféré à la luzerne dans beaucoup de pays, quoiqu'il ne produise pas une nourriture aussi abondante et ne dure pas aussi longtemps. Il n'est pas délicat sur la nature du terrain. Celui qui paraît le mieux lui convenir cependant est le terrain que nous avons nommé *calcaire*, mais il lui faut un labour profond. On peut le semer en toutes saisons, et particulièrement au printemps. On le coupe ordinairement deux fois l'année. Il est à remarquer que la coupe du sainfoin ne commence à être avantageuse que dans la troisième année.

Ray-grass.

Le ray-grass a longtemps été regardé comme plante d'agrément, et employé à faire des tapis de verdure près des habitations de campagne et dans les jardins anglais, parce qu'il fournit un gazon extrêmement épais et uni. L'espèce que l'on cultive comme fourrage est celle que l'on nomme *ray-grass* ou *ivraie d'Italie*.

Cette plante peut se couper en vert quatre à cinq fois par an, et offre, comme le trèfle incarnat, l'avantage d'une nourriture précoce. Le ray-grass réussit mieux dans les terres légères que dans celles qui sont argileuses et mouillées. On le sème au printemps : 15 kilogrammes sont plus que suffisants pour ensemencer un hectare.

Grande chicorée.

La grande chicorée, ou *chicorée sauvage*, est encore une plante que vous pouvez cultiver avec avantage pour la nourriture de vos bestiaux, et particulièrement des bêtes à laine. Elle croît très-vite, se contente d'un terrain médiocre, et se coupe plusieurs fois dans l'année pendant trois ou quatre ans. On sème la grande chicorée en toutes saisons, mais préférablement au printemps ou vers le commencement de l'automne, dans la proportion de 10 à 15 kilogr. de graine par hectare. C'est un excellent fourrage, lorsque les bestiaux y sont accoutumés.

L'introduction de la culture de la grande chicorée en France est attribuée à *Cretté de Paluel*, en 1784. M. de Père conseille d'adopter cette culture dans l'assolement suivant : 1° pommes de terre ou carottes; 2° jarosse (ou vesce); 3° chicorée pendant deux ans; 4° chanvre; 5° froment[1].

Spergule.

La spergule est un fourrage annuel fort peu connu dans la majeure partie de la France, excepté dans le nord. On la cultive principalement dans les Pays-Bas, où elle fournit une nourriture dont les vaches sont friandes. La spergule se plaît dans les sables frais; c'est une plante grasse qui se dessèche difficilement, aussi ne l'emploie-t-on qu'en vert. On la sème dans le même temps et de la même manière que le trèfle incarnat, une quantité de semence par hectare est la même que celle du ray-grass.

Serradelle (Pied-d'oiseau).

Il y a encore un autre fourrage précieux auquel on donne le nom de *serradelle*. Il croît avec vigueur dans les sols de qualité très-médiocre, et dans les terrains qui renferment beaucoup d'acidité. On le sème en sep-

1. *Cours complet d'Agriculture*, édition Pourrat frères.

tembre avec un mélange de trèfle et de ray-grass dans la proportion de 25 kilogrammes de graine de serradelle pour un hectare.

Vesce ou Jarosse.

Une plante qui fournit encore un excellent fourrage est la *vesce*, à laquelle on donne improprement le nom de *jarosse*, qui est celui d'une autre plante connue aussi sous le nom de *gessette* ou *petite gesse*. Il existe deux variétés de vesce : l'une se sème au printemps, dans le commencement de mai, et quelquefois jusqu'en juin. L'autre se sème à l'automne ; on la coupe dès le commencement du printemps. La vesce, soit de printemps, soit d'automne, aime les terres fortes et les sols riches et élevés ; la vesce d'automne, plus avantageuse que l'autre, sous quelques rapports, craint les hivers trop humides. L'une et l'autre sont utiles au cultivateur, et doivent être recherchées en raison des époques auxquelles elles peuvent être consommées. Il faut les donner aux bestiaux avec les mêmes précautions que la luzerne et le trèfle, dans la crainte des *météorisations*. La quantité de semence nécessaire par hectare est d'environ deux hectolitres.

Verte.

Vous pourrez encore faire des prairies artificielles, mes chers amis, en semant très-dru, à l'automne, de l'orge, de l'avoine ou du seigle, pour couper en vert au printemps, ce que l'on nomme de la *verte*. Cette dernière méthode réussit partout, mais elle n'offre pas les mêmes avantages que la culture des autres plantes dont je vous ai parlé, et elle appauvrit la terre. Quelles que soient les plantes qui vous conviendront le mieux, choisissez celles qui joignent à l'avantage de donner une bonne et abondante nourriture, celui d'améliorer le sol, soit par elles-mêmes, soit en servant d'engrais, ou, comme je vous l'ai dit, de *fumure verte*. Multipliez le nombre de vos prairies artificielles, vous n'en aurez jamais trop. Je ne me lasserai pas de vous le répéter : remplacez une partie de vos jachères par des prairies artificielles, vous y trouverez un bénéfice certain et considérable.

Ajonc épineux (*ulex europæus*).

Parmi les plantes fourragères, il en est une d'une rusticité remarquable, puisqu'elle croît spontanément dans les plus mauvais sols, c'est l'ajonc : un cultivateur de la Loire-Inférieure (M. Simonneau de Saint Étienne de Montluc) a obtenu de la culture de cette plante des résultats étonnants. Suivant ses calculs, un hectare d'ajoncs fournit autant de nourriture pour ses bestiaux pendant l'hiver que le pourraient faire quatre hectares des meilleures prairies.

L'ajonc ne peut être donné aux bestiaux qu'après avoir été pilé. Cette opération se fait pendant les soirées d'hiver, et est pour les valets de la ferme une occupation utile.

Depuis longtemps on emploie l'ajonc comme fourrage dans la Bretagne avec un succès constant. Nous croyons donc devoir en recommander l'usage.

Jetons maintenant un coup d'œil sur l'utilité des prairies artificielles, relativement à l'amélioration qu'elles apportent à la terre, et aux engrais que l'on peut en retirer immédiatement en les enfouissant.

Vous avez sans doute présent à la mémoire ce que je vous ai dit en parlant des fumures vertes ; il est de la plus haute importance pour vous de bien vous pénétrer de leur utilité. Consacrant une partie de vos praieries artificielles à cet usage, vous économisez une grande quantité d'autres engrais. Choisissez pour cela, les plantes qui réunissent les qualités que je vous ai déjà indiquées (page 89).

Lupin blanc.

Il est une plante dont je ne vous ai pas encore parlé, et que l'on emploie beaucoup dans le midi de la France comme engrais vert : c'est le *lupin blanc*. Cette plante a l'avantage de croître dans les plus mauvais sols, quelle que soit leur nature ; mais elle ne saurait prospérer dans les pays froids et sujets aux gelées, à moins de la semer lorsqu'elles ne sont plus à craindre. On l'enfouit avant sa floraison. Le lupin blanc améliore les terrains de la qualité la plus inférieure, et doit être semé très-dru ; il en faut à peu près un hectolitre par hectare.

Le trèfle ordinaire est la plante qui convient le plus généralement pour être enfouie, et semble la plus avantageuse, parce qu'avant de servir à cet usage, elle a déjà payé amplement le cultivateur des soins qu'il a pris de la cultiver. Souvenez-vous de l'étonnement de Baptiste et de ce que je vous ai dit pour calmer sa mauvaise humeur.

Ici un sourire anima toutes les physionomies, et le front du pauvre Baptiste, vers lequel se portèrent tous les regards, se couvrit d'une vive rougeur.

Voici, mes amis, continua Jérôme, la méthode que j'ai constamment suivie et que je vous conseille d'adopter comme moi :

Semez, comme je vous l'ai dit, votre trèfle au printemps parmi le sarrasin ou l'orge, parce que vous n'aurez pas besoin d'une double application d'engrais : vous le couperez au mois de septembre. Dans le mois de décembre ou janvier suivant, répandez dessus la quantité de cendre, de noir animal et de chaux mêlée de terreau que je vous ai indiquée. Vous le couperez une seconde fois au mois de mai ; immédiatement après, arrosez-le de purin, et, dès le mois de juillet, vous aurez une troisième coupe aussi abondante que celle du mois de mai. Laissez-le repousser alors pour l'enfouir au mois de septembre, et sur ce labour, fait en planches plutôt qu'en sillons, semez votre froment. A moins que la saison ne soit contraire, chose dont on ne peut jamais répondre, vous pouvez compter sur une abondante récolte. Ce procédé m'a toujours réussi.

Voyez, mes chers amis, combien il est avantageux pour vous de l'employer! L'abondance de nourriture que vous auront fournie les trois coupes de ce trèfle, en augmentant le produit de vos bestiaux, aura considérablement augmenté aussi la masse de vos engrais, et le trèfle lui-même, enfoui à la fin de la seconde année, sera un des meilleurs engrais dont vous puissiez faire usage. Voilà cependant ce dont vous vous privez avec la conservation de vos jachères. Vous n'éprouverez de surcroît de dépense que l'achat de la graine de trèfle pour le premier ensemencement; car je vous conseillerai toujours de réserver une portion de votre troisième coupe pour la laisser mûrir. Et qu'est-ce que cette dépense, comparée aux profits que vous en recueillerez? Ainsi tombent en partie les objections que faisait Joseph à notre avant-dernière réunion.

L'importance de la matière dont nous avions à nous occuper aujourd'hui nous a entraînés au delà de notre heure accoutumée. Lors de la prochaine réunion, je vous parlerai des *plantes sarclées*. Leur culture mérite autant et plus encore peut-être votre attention que celle des prairies artificielles, et je compte sur votre assiduité ordinaire.

DOUZIÈME ENTRETIEN.

POMMES DE TERRE.

Avantages résultant de la culture des plantes sarclées. — Sol, engrais et culture qui conviennent aux pommes de terre. — Usage particulier de la houe à cheval et du butteur ou charrue à deux versoirs. — Récolte des pommes de terre. — Maladie des pommes de terre. — Utilité des pommes de terre. — Résumé de l'entretien.

Vous savez, dit Jérôme en commençant, que je vous ai annoncé pour aujourd'hui l'explication de la culture des *plantes sarclées;* nous allons donc nous en occuper.

On nomme *plantes sarclées* celles dont la culture exige un travail qui consiste à les purger des mauvaises herbes, soit en arrachant celles-ci, soit en les détruisant au moyen d'un instrument qui, en les coupant par la racine, donne à la terre un léger labour. C'est cette dernière méthode que l'on suit ordinairement. On donne spécialement le nom de *plantes sarclées* aux plantes à racines alimentaires, parce que ces plantes ayant besoin de plusieurs labours, les mauvaises herbes se trouvent *sarclées* par ces diverses opérations. Ainsi, en vous parlant de l'utilité et de l'importance des plantes sarclées, cela se rapporte aux pommes de terre, aux betteraves-disettes, etc., etc.

Nous nous entretiendrons cependant encore de la culture de plusieurs autres plantes, qui présentent un caractère d'utilité bien remarquable, telles que la carotte, les choux, les navets.

Pendant que nous nous occupions des prairies artificielles, notre ami Pierre a demandé comment on pourrait nourrir, dans l'hiver, les bestiaux dont on augmenterait le nombre durant l'été : je vous ai promis, en répondant à cette question, de vous en démontrer les moyens: c'est ce que je vais faire ce soir. J'envisagerai d'abord l'utilité des plantes sarclées relativement à la nourriture des bestiaux dans l'hiver. Nous examinerons ensuite les avantages de chacune d'elles dans l'économie domestique, et la culture qui leur convient; enfin, leur utilité relativement à l'amélioration qu'elles apportent à la terre, ainsi que nous l'avons fait pour les prairies artificielles.

Avantages résultant de la culture des plantes sarclées.

Le premier avantage de la culture des plantes sarclées sera de fournir à vos bestiaux une bonne nourriture, qui leur fasse conserver pendant l'hiver la fraîcheur et l'embonpoint qu'ils auront acquis pendant l'été avec le produit des prairies artificielles.

Il est peu de bestiaux qui ne mangent avec plaisir, pour ne pas dire avec avidité, les pommes de terre, les betteraves-disettes et la plupart des plantes à racines alimentaires. Crues, les chevaux et les vaches s'en accommodent parfaitement ; elles donnent aux premiers de la vigueur et du feu, aux secondes, du lait de bonne qualité. Les pommes de terre et les carottes conviennent mieux aux chevaux, les betteraves-disettes aux vaches; mais il est à propos de donner alternativement de chaque espèce, le matin, par exemple des pommes de terre; le soir, des betteraves ; cette méthode est la plus avantageuse, parce que l'appétit des bestiaux s'en trouve d'autant mieux aiguisé, et, comme vous le savez, ils rendent en proportion de la nourriture qu'ils prennent.

Dans toute bonne exploitation, les plantes sarclées doivent être pour l'hiver les auxiliaires des fourrages secs et leur accompagnement nécessaire, comme les prairies artificielles le sont pour l'été. C'est avec elles que vous pourrez conserver le nombre de bestiaux que vous aurez eu pendant l'été, parce que la consommation de fourrage sec étant beaucoup moins considérable, votre provision durera plus longtemps; et si déjà vous avez assez de fourrage pour le nombre actuel de vos bestiaux, vous pourrez augmenter ce nombre d'un quart ou d'un tiers, augmentant la quantité de nourriture dans la même proportion, ce qui arrivera infailliblement par la culture des plantes sarclés. Quarante hectolitres de pommes de terre et quatre mille livres ou deux mille kilogrammes de betteraves-disettes fourniront environ autant de nourriture d'une quantité supérieure que quatre milliers ou deux mille kilogrammes de foin ordinaire. Consacrez un hectare de terre chaque année à la culture de ces deux espèces de plantes, au lieu de le laisser en jachères qui ne vous rapportent rien, vous récolterez au moins le double de la quantité que je viens de vous indiquer; alors vous n'aurez plus l'inquiétude de manquer de nourriture à donner à vos bestiaux l'hiver. J'ajouterai, mes amis, que lors même que la quantité de foin que vous récoltez annuellement excéderait vos besoins, vous n'en devriez pas moins vous livrer à la culture des plantes sarclées, vous trouverez toujours le moyen d'en tirer parti. Je ne vous ai parlé jusqu'ici que du gros bétail, mais elles servent encore à hâter l'engrais des porcs et des volailles; et, comme je vous le démontrerai bientôt, elles nettoient et améliorent les terres. Elles offrent beaucoup d'autres avantages, tels que celui d'augmenter la quantité des engrais, et de donner la faculté d'appliquer ailleurs ceux que nous serions forcés d'employer pour l'ensemencement qui doit suivre la récolte de ces plantes.

Il est bien rare que l'on soit obligé de marnisser la terre, après les pommes de terre ou les betteraves-disettes; car il importe de remarquer que c'est à cette culture qu'il convient de donner le plus d'engrais. Il ne faut pas craindre l'excès, sourtout quand on a la précaution d'en mettre la moitié en terre à l'époque du labour préparatoire, et l'autre moitié en achevant de disposer le terrain pour le remplir de ces plantes. Des expériences, plusieurs fois répétées, m'ont convaincu que la terre demeurait alors suffisamment pourvue de sucs pour quelque espèce de céréale que ce fût. Cependant, pour être plus sûrs d'obtenir de beaux produits, vous ferez bien, surtout après les pommes de terre, de donner une demi-fumure, c'est-à-dire la moitié moins d'engrais qu'ordinairement pour la même culture. Cette condition n'est nécessaire qu'autant que la quantité d'engrais et l'espèce dont on s'est servi n'ont été calculées que pour la récolte de pommes de terre. Je connais un cultivateur qui fait quatre récoltes sur une seule fumure, à l'exception toutefois d'une fumure verte qui lui sert pour sa quatrième récolte. Ainsi, par exemple, il adopte l'assolement suivant : 1° Plantes sarclées avec une forte fumure égale à 36 000 kilog.; 2° céréales; 3° prairie artificielle, ordinairement en trèfle, avec 9 hectolitres de chaux; 4° céréale sur trèfle enfoui en vert à la fin de la seconde année [1].

Lorsque je vous ai parlé de l'emploi de la *houe à*

1. Cette méthode est celle qu'avait adoptée M. Lamaignière, l'un des hommes qui aient le mieux étudié l'agriculture dans le département de la Loire-Inférieure

cheval, je vous ai dit que c'était principalement dans la culture des plantes sarclées que l'utilité de cet instrument était le plus appréciée. Vous allez en juger vous-mêmes. Commençons par ce qui a rapport à la culture des pommes de terre.

Sol, engrais et culture qui conviennent aux pommes de terre.

Il n'est pas de terrain dans lequel les pommes de terre ne puissent prospérer ; mais ici, plus que dans aucune autre culture, le choix des engrais et leur application à la nature des diverses classes de terre produisent des effets remarquables, tant pour la quantité que pour la qualité de la récolte. Ainsi, mes amis, rappelez-vous ce que je vous ai dit à cet égard, lorsque je vous ai parlé de la classification des terres et des engrais propres à chacune d'elles.

On a longtemps cultivé les pommes de terre dans les jardins seulement et pour la nourriture de l'homme. Cette culture ne se faisant qu'en petit, on se contentait de se servir des instruments de jardinage qui pouvaient suffire alors; mais aujourd'hui qu'elle doit entrer dans l'assolement général, il faut avoir recours à des moyens plus prompts et moins dispendieux.

Le choix des variétés de pommes de terre est encore une chose importante, parce que toutes ne viennent pas également bien sous tous les climats et dans tous les sols. Dans les uns, la pomme de terre précoce ou hâtive, que l'on récolte de la fin de juillet au mois de septembre, réussit mieux que la tardive, qui n'est mûre que dans le courant de novembre; dans les autres, c'est cette dernière que l'on doit préférer à la pomme de terre hâtive, parce qu'elle donnera des *tu-*

bercules plus gros et en plus grand nombre. On nomme *tubercule* chaque pomme de terre. Ici, ce sera la longue rouge; là, une autre espèce encore. L'expérience seule vous démontrera celle dont vous devrez adopter la culture; il n'y a point à cet égard de règles certaines. Cependant, toutes les fois que la pomme de terre précoce réussira bien dans vos terres, je vous conseille de la cultiver de préférence, parce que vous aurez l'avantage de pouvoir faire immédiatement après, et dans la même année, un second ensemencement. Vous pourrez, par exemple, remplir votre champ vide de pommes de terre en froment, en trèfle incarnat, en colza, etc. Pour obtenir une belle récolte de pommes de terre, voici, mes chers amis, ce que vous devez faire :

Dès le mois de septembre ou d'octobre, vous donnerez à votre terre un profond labour à la charrue, par lequel toutes les herbes qui auront crû depuis la dernière récolte se trouveront enfermées. Lorsque vous supposerez qu'elles seront pourries, c'est-à-dire vers la fin de novembre, avant la saison des glaces, vous passerez la herse pour bien diviser la terre, et vous labourerez de nouveau. Après ce second labour, laissez votre terre ainsi préparée jusqu'au printemps, époque à laquelle vous mettrez les tubercules en terre. Alors donnez un second hersage, puis le labour d'ensemencement. Pour donner à la terre plus de qualité, surtout si c'est un défrichement que vous destinez à être rempli de pommes de terre, vous ferez sagement de mettre une partie de votre engrais, en faisant le second labour dont je viens de vous parler. Dans les terres argileuses principalement, c'est le moment d'y placer les fumiers chauds, entiers et pailleux, parce qu'ils facilitent l'action de l'air sur toutes les parties du sol; mais vous ne serez pas dispensés pour cela d'employer encore quelques engrais, que vous mettrez en même temps que vos pommes de terre, et de manière à les recouvrir.

Ne jetez pas au hasard les tubercules en terre, ils doivent être mis à la main, à distances à peu près égales les unes des autres et bien en ligne, non dans le fond de la raie, mais à six ou huit centimètres du fond et dans la terre reversée par la charrue; ils se dérangeront moins de leur alignement. C'est la manière de les planter indiquée par le savant M. Dombasle, dont les travaux ont tant contribué aux progrès de l'agriculture. La charrue viendra ensuite recouvrir chaque rang planté. Gardez-vous bien de suivre la méthode de beaucoup de cultivateurs, qui choisissent toutes les plus petites pommes de terre pour la plantation. Celles que vous destinez à cet usage doivent être au moins de la grosseur d'un œuf. Si elles sont plus grosses, vous pourrez les diviser, mais ayez soin qu'il demeure plusieurs *yeux* ou *germes* à chaque portion. Il faut en outre prendre la précaution de couper les tubercules plusieurs jours à l'avance, afin que la blessure puisse se cicatriser par son exposition à l'air, autrement le fragment de pomme de terre absorberait une trop grande quantité d'humidité et serait exposé à pourrir. La distance entre les pommes de terre d'un même rang doit être de 15 à 18 centimètres au moins, et celle entre les rangs, de 55 à 60 centimètres, afin que la houe à cheval puisse facilement passer sans atteindre les tiges qu'elle couperait et qui ne repousseraient plus, ou du moins la plante souffrirait beaucoup de cet accident. C'est aussi pour cela que les rangs doivent être bien alignés, puisque, sans cette précaution, vous seriez exposés à perdre une grande partie de votre plant. Voilà en quoi consiste le premier travail relatif à la plantation des pommes de terre. Mais leur culture ne se borne pas là; les soins qu'elle exige sont plus multipliés que pour toute autre plante, et si elle offre au cultivateur d'immenses avantages, elle lui demande aussi plus de peines et de fatigue. C'est pour les diminuer, ainsi que je vous l'ai dit, qu'ont été inventés la houe à cheval et le butteur.

Usage particulier de la Houe à cheval et du Butteur ou charrue à deux versoirs.

Lorsque le pampre des pommes de terre commence à se montrer au-dessus du sol, il est utile de donner un nouveau hersage à la terre, pour achever de diviser les mottes qui pourraient encore se rencontrer, et nuire au développement des tiges ou leur donner une mauvaise direction. Cette opération sert encore, surtout dans les terres fortes, à faciliter le passage de l'air nécessaire à la végétation. Les pommes de terre ont besoin de fréquents labours. Autrefois on les faisait à la bêche, ce qui rendait ce travail long et dispendieux, et c'est pour ce motif que beaucoup de laboureurs ne cultivaient les pommes de terre qu'en petite quantité. Maintenant qu'un seul homme et un cheval peuvent faire dans un jour avec la houe à cheval et le butteur ce que dix hommes n'auraient pas fait avec la bêche, que le travail est simplifié autant que possible, que les frais de culture se trouvent par ce moyen considérablement diminués, il n'y aura plus que les hommes négligents, et ceux qui ne voudront pas comprendre leurs véritables intérêts, qui se refuseront à la culture des pommes de terre. J'aime à croire qu'aucun de vous ne sera de ce nombre.

— Vous parlez bien, maître Jérôme, dit Gilles, qui

n'avait pas encore osé faire une seule observation, quoiqu'il ne fût pas aussi bête qu'on aurait pu le croire en voyant ses grands yeux saillis et fixes, son attitude roide et gauche, et ses deux bras pendants à ses côtés, comme s'ils n'avaient pas fait partie de sa personne; je suis bien convaincu de l'utilité de la houe à cheval, comme vous nommez cet instrument que je vois là-bas, qui a un soc plat et fait presque dans la forme du fer à dépresser du tailleur d'habits de notre village, quoique beaucoup plus mince, garni des deux côtés de dents comme une herse, et armé d'un mancheron double, comme celui de ma charrue, servant à le diriger; mais avant de pouvoir s'en servir, il faut d'abord en avoir, et comment ferons-nous pour nous en procurer ; car je ne connais pas d'ouvrier dans ce pays-ci qui fasse des houes à cheval?

Tout en appréciant la justesse de la demande du pauvre Gilles, on ne put s'empêcher de rire du ton de simplicité et de l'air embarrassé avec lequel il la fit, ce qui augmenta encore sa timidité et la rougeur dont son front était couvert. — Votre question vient fort à propos, mon ami, lui dit Jérôme, et je vois avec une satisfaction réelle que vous avez parfaitement examiné l'instrument dont à l'instant même je vous vantais l'utilité. La description que vous venez de nous en donner me dispense de la faire moi-même, et je me hâte de répondre à votre demande.

Il n'est pas un ouvrier un peu adroit et intelligent qui ne puisse confectionner une houe à cheval, aussitôt qu'il en aura vu le modèle. C'est un instrument extrêmement simple, et dont l'usage commence à se propager. Qu'il y en ait seulement un dans chaque commune, et bientôt tout le monde en aura, parce qu'il n'est pas d'un prix élevé. Il est peu de villes où l'on ne puisse en avoir, principalement dans celles où il existe des écoles d'agriculture. On en trouve dans tous les dépôts d'instruments aratoires perfectionnés [1]. Il vous sera donc facile de vous procurer cet utile instrument, quand vous le désirerez (Planche IV, page 131). Du reste, vous pourriez remplacer la houe à cheval par une petite herse, qui produirait à peu près le même effet, quoique plus imparfaitement, dans quelques circonstances.

Après vous avoir parlé de l'emploi de la houe à cheval pour donner aux pommes de terre les labours nécessaires à leur développement, je dois vous indiquer ce qui vous reste à faire dans leur culture.

Il ne faut pas se contenter de bêcher les pommes de terre, mais il faut encore les *butter* plusieurs fois, c'est-à-dire amener la terre des deux côtés des tiges, comme on le fait dans les jardins pour le céleri. Pour faire cette opération avec promptitude et à peu de frais, on se sert d'une petite charrue à deux versoirs qui jettent la terre de chaque côté. C'est cet instrument que vous avez remarqué près de la houe à cheval, et que je vous ai fait connaître sous le nom de *butteur* ou *buttoir* (Planche XIV, page 135).

J'insisterai pour vous engager, mes amis, à faire usage de cet instrument fort simple et d'un prix peu élevé. Il est d'une utilité incontestable. Les deux petits versoirs en fer attachés au coutre suffisent pour le premier buttage. Avec les autres, qui sont mobiles et maintenus par la traverse de fer fixée à la haie par un boulon, vous élèverez vos autres buttages à la hauteur qui vous conviendra. Il ne s'agit pour cela que de descendre en terre plus ou moins profondément, ce que

1. L'École impériale d'agriculture de Grand-Jouan, commune de Nosay, département de la Loire-Inférieure, a une excellente fabrique d'instruments aratoires.

vous faites en tenant les mancherons plus ou moins hauts. Chaque buttage sera d'autant plus élevé que les tiges de vos pommes de terre auront plus d'accroissement. N'attendez pas que ces tiges soient trop fortes pour donner le premier buttage; il devient nécessaire aussitôt qu'elles ont atteint la hauteur de 15 à 18 centimètres (6 à 8 pouces), ce qui arrive ordinairement vers le commencement du mois de mai. Donnez un second buttage lorsqu'elles ont le double de hauteur, dans le mois de juin, et un troisième vers la fin du même mois. Il est rare que l'on soit obligé d'en donner un quatrième. Les époques que je viens de vous indiquer varient suivant l'espèce de pommes de terre et le climat. Le dernier buttage, qui doit être le plus profond et descendre au-dessous ou au moins au niveau de la pomme de terre mère, précède de peu de temps la fleuraison ; alors vous n'avez plus à remuer le sol. Quelques cultivateurs, après ce dernier buttage, ont coutume de planter des choux dans les raies, ou de semer du sarrasin pour couper en vert aux bestiaux ; vous pourriez en faire l'essai.

Récolte des pommes de terre.

Après avoir exécuté ces diverses opérations, gardez-vous bien de laisser brouter par vos bestiaux ou de couper le pampre de vos pommes de terre, ce serait compromettre votre récolte ; mais vous pourrez ôter les fleurs au fur et à mesure qu'elles seront épanouies : les tubercules en deviendront plus gros et non plus nombreux, comme quelques auteurs l'ont dit; car j'ai remarqué que, dès le temps de la floraison, ces tubercules sont à peu près formés, quoique fort petits encore.

Enfin, mes chers amis, arrive le temps de la récolte; c'est alors que vous aurez à vous applaudir d'avoir cultivé avec soin vos pommes de terre. Quel plaisir n'éprouvez-vous pas en découvrant ces trésors, car je puis les appeler ainsi, lorsqu'une seule pomme de terre plantée rend quelquefois plus de 40 pour 1! A ne considérer la pomme de terre que sous le rapport de la nourriture des bestiaux, quelle ressource pour l'hiver! Un hectare rend au moins de 130 à 140 hectolitres, comme je vous l'ai dit au commencement de cette soirée, et souvent plus, lorsque l'année est favorable. Premier avantage de la culture des pommes de terre; et n'offrirait-elle que celui-là, il suffirait pour vous déterminer à l'adopter, même en n'ayant pas encore les instruments nouveaux qui rendent cette culture plus facile.

Maladie des pommes de terre.

Une maladie dont on ignore encore la cause a, depuis quelque temps, frappé les pommes de terre, et porté le découragement chez les cultivateurs. Jusqu'à ce moment on ne connaît pas de préservatif dont on puisse garantir l'efficacité absolue. Voici, toutefois, les remèdes qui ont donné les résultats les plus satisfaisants:

1° On a remarqué que dans le voisinage de la mer la maladie a eu moins de gravité qu'ailleurs; alors on a joint aux engrais une certaine quantité de sel et de cendre (environ 30 kilogrammes de sel par hectare). Dans plusieurs localités le nombre des tubercules malades a considérablement diminué.

2° On a recommandé l'emploi de la chaux après avoir trempé les pommes de terre pour semis dans une forte lessive. Ce procédé a également donné le plus ordinairement de bons résultats.

3° Il paraît certain que la maladie attaque d'abord les tiges et descend ensuite aux racines ; on a conseillé alors d'arracher immédiatement toutes les pommes de terre dont les tiges paraissaient affectées ; par ce moyen on en a préservé une immense quantité.

4° D'autres cultivateurs se sont bornés à couper les tiges à 15 centimètres au-dessus du sol dès l'apparition du fléau, et la maladie ne s'est pas propagée.

Une autre remarque importante est que les pommes de terre *rouges* ont presque constamment moins souffert que les autres.

Enfin, on croit pouvoir affirmer que la maladie, ne se développant habituellement que dans le courant de juillet, on pourrait l'éviter en semant les pommes de terre au mois de septembre, et les laissant ainsi passer l'hiver en terre. Ce moyen permet d'obtenir une récolte dès le mois de juin.

Nous engageons les cultivateurs à se livrer eux-mêmes à ces divers essais [1].

Utilité des pommes de terre.

Vous dirai-je maintenant combien les pommes de terre sont utiles dans l'intérieur d'un ménage ? Si elles sont pour les animaux une bonne nourriture, l'homme lui-même ne doit pas les dédaigner, et presque tout le monde les aime, le pauvre comme le riche. Je ne vous

1. Un agriculteur distingué, M. Leroy-Mabylle, de Boulogne-sur-mer, et avec lui M. de Rainneville, ont donné des détails fort intéressants sur les résultats de la plantation des pommes de terre à l'automne. M. de Rainneville va jusqu'à dire : « Qu'en déposant les pommes de terre dans les rigoles préalablement disposées, le jour même de la récolte, on la rétablit dans son état normal. »

parlerai pas du nombre infini de mets que les habitants des villes apprêtent avec les pommes de terre, et dont ils se servent pour aiguiser leur appétit : ces moyens sont inconnus aux champs parce qu'ils y sont inutiles ; mais le cultivateur y trouve son compte par le grand débouché que cette consommation donne aux produits de sa culture. Je connais des agriculteurs qui, avec l'excédant de la quantité de pommes de terre utile à leur exploitation, payent chaque année plus de la moitié du prix de leur ferme, et presque la totalité de leurs frais de labour ; tout le reste devient bénéfice. Je vous demande si vos jachères peuvent vous en donner autant....

Vous avez quelquefois entendu raconter aux anciens du pays ces famines déplorables qui l'ont désolé ; on vous a dit l'histoire de ces époques désastreuses où l'on était réduit à prendre pour nourriture les choses les plus dégoûtantes : avec la culture des pommes de terre, ces temps malheureux ne se renouvelleront plus. Que dans une contrée les céréales viennent à manquer, ou à être détruites par la grêle ou les inondations, et nous en voyons de nos jours de fréquents exemples, les riches peuvent encore se soustraire à la faim ; mais les pauvres!... Combien leur sort n'est-il pas à plaindre! Combien y en a-t-il qui périssent faute de nourriture! Eh bien! dans ces temps malheureux, si l'on manque de pain, on vit du moins avec des pommes de terre. Je vous raconterai à ce sujet une petite anecdote qui est à ma connaissance.

Il y a vingt et quelques années, un habitant d'une commune de Bretagne s'était, dès ce temps, pénétré de l'importance de la culture des pommes de terre ; et, avec une très-modique fortune, il était parvenu, en suivant la méthode que je vous indique aujourd'hui, à jouir paisiblement d'une honnête aisance. Un de ses voisins, beaucoup plus riche que lui d'abord, le questionna sur les moyens qu'il avait pris pour arriver à ce degré de prospérité. Il vendait du grain, lorsque celui-ci, quoique à la tête d'une exploitation beaucoup plus considérable, sans avoir cependant plus de monde à nourrir, était depuis longtemps obligé d'en acheter. « Comment donc faites-vous ? lui dit-il.— Ne le voyez-vous pas ? répondit le premier. Je cultive les pommes de terre ; elles sont la source de toute ma richesse. J'en donne à mes bestiaux l'hiver, ce qui les entretient dans l'état de santé et de fraîcheur où vous les voyez, et me permet d'en avoir un plus grand nombre. J'en engraisse des volailles et des porcs que je vends ensuite avec bénéfice. Je fais de mes pommes de terre une sorte de farine que l'on nomme *fécule*, et je mêle de cette fécule à la farine de froment dont je fais du pain ; vous n'avez entendu personne se plaindre qu'il ne fût pas de bonne qualité. Enfin j'en fais cuire pour les gens de ma maison, et vous voyez que nous ne sommes pas malades. Imitez mon exemple, et avant deux ans d'ici vous m'en direz des nouvelles. »

Le voisin trouva que l'avis était bon, et le suivit. Bientôt sa ferme fut la plus belle et la plus riche du canton. Les deux cultivateurs devinrent deux amis inséparables ; mais ce qui contribua le plus à leur liaison intime, ce fut la sympathie de leurs goûts, et leur amour pour la vertu et la religion. Ils rendaient à Dieu en bonnes œuvres ce qu'ils en recevaient en richesses.

Une de ces années malheureuses dont je vous parlais tout à l'heure survint, et quelques-uns d'entre vous peuvent s'en souvenir ; le pain fut extrêmement cher et rare ; la misère était à son comble. Dieu avait béni les travaux de nos deux amis ; leur récolte de pommes de terre fut abondante, et pendant tout l'hiver ils nourrirent la majeure partie des pauvres de leur paroisse, dont beaucoup, sans eux, auraient péri de faim. Ils sont morts tous les deux; mais leur mémoire est restée en vénération; on n'en parle jamais sans attendrissement, et tous ceux dont ils furent les bienfaiteurs prient encore pour eux, quoique avec la persuasion qu'ils ont reçu dans le ciel la récompense de leurs vertus.

Voilà, mes amis, comme les plus petites choses en apparence servent quelquefois à rendre les plus grands services à l'humanité, surtout quand on les fait tourner à la gloire de Dieu tout-puissant qui nous les a données.

Résumé de l'entretien.

Résumons, en peu de mots, en terminant cet entretien, les avantages de la culture des pommes de terre, afin de bien vous pénétrer de son utilité :

Nourriture abondante et saine pour tous les animaux;

Nourriture excellente pour les hommes ;

Plus de disette possible avec les pommes de terre;

Branche de commerce lucrative, à cause de la grande consommation qui s'en fait dans les villes ;

Engrais de tous les animaux de basse-cour;

Augmentation de produits des bestiaux;

Enfin, amélioration de la terre par suite des travaux qu'exige leur culture.

Je ne vous ai point encore expliqué ce dernier avantage; je le renvoie après ce que j'ai à vous dire des betteraves-disettes, parce qu'il est une conséquence de la culture de ces dernières comme de celle des pommes de terre.

Le prochain entretien sera consacré à vous parler de cette seconde espèce de plantes sarclées, et, s'il nous reste du temps, je vous dirai quelques mots du *colza*, dont la culture est encore peu répandue dans une grande partie de la France, de quelques autres espèces de choux, et du navet si précieux vers le commencement du printemps.

TREIZIÈME ENTRETIEN.

BETTERAVES, CHOUX, CAROTTES, FÈVES.

Culture et récolte des betteraves-disettes. — Améliorations qu'apporte au sol la culture des plantes sarclées. — Choux. — Rutabaga ou chou-navet de Suède. — Colza ou chou à huile. — Carottes. — Navets. — Panais. — Fèves et féveroles. — Tableau des ensemencements, plantations, etc. — De l'utilité et de la culture du potager.

Culture et récolte des betteraves-disettes.

Le sujet de cet entretien, mes chers amis, est la culture des betteraves-disettes, seconde espèce des plantes sarclées, non moins utile que la première.

La *betterave-disette*, ou *betterave champêtre*, est, comme la pomme de terre, une excellente nourriture pour les animaux pendant l'hiver. Elle est même peut-être préférable à celle-ci pour les vaches, et, sous ce rapport, mérite toute l'attention du cultivateur. Elle s'accommode généralement de tous les sols, pourvu qu'ils soient profonds et bien fumés; mais elle devient plus grosse et plus goûtée dans les terrains siliceux que dans ceux où l'argile domine. J'en ai cependant vu de très-belles dans les terres de cette dernière qualité.

L'application des engrais pour la culture des betteraves-disettes est la même que pour les pommes de terre; il faut avoir égard à la nature du sol; c'est une des conditions nécessaires, indispensables pour avoir de beaux produits.

La betterave-disette réussit en général beaucoup mieux transplantée que semée à place. Des expériences plusieurs fois réitérées ont démontré cette vérité de la manière la plus évidente. Il faut choisir pour le semis une terre riche en sucs nutritifs, et semer plutôt en rayon qu'à la volée, parce qu'il est nécessaire de sarcler le semis pendant la jeunesse de la plante. Les limaces sont très-friandes du jeune plant de betterave, et n'en laisseraient pas, si on n'avait le soin de leur faire la guerre. La suie, les écailles d'huîtres pilées sont employées avec succès pour écarter ces animaux malfaisants; mais le meilleur moyen est encore de visiter le plan le matin et le soir, et de tuer les limaces en les perçant d'un bois aiguisé. On sème la graine de betteraves-disettes dans le courant du mois d'avril ou dans le commencement de mai, lorsque les gelées ne sont plus à craindre; et c'est dans le mois de juin que se fait la transplantation.

Il faut, pour cette opération, préparer la terre par un bon labour, bien l'ameublir avec la herse et le rouleau, ou, si vous n'êtes pas encore munis de ces instruments, la rabattre à la houe et au râteau à quatre dents. Le premier labour doit être donné à la terre assez de temps avant la transplantation pour que la couche de verdure pourrisse, à moins que vous ne mettiez vos betteraves dans une terre nouvellement dépouillée de trèfle incarnat.

Beaucoup de cultivateurs se servent du *plantoir* pour placer les betteraves. Moi, j'ai adopté une autre méthode qui m'a bien réussi, et qui est beaucoup plus expéditive : c'est d'employer la charrue comme pour les pommes de terre. Les betteraves étant arrachées du semis, les planteurs suivent la charrue, et les placent presque debout et appuyées contre la terre que le versoir a jetée de côté. Elles doivent être, autant que possible, à distances égales, environ 33 centimètres les unes des autres, sur le même rang; mais il faut entre chaque rang un espace de 50 à 55 centimètres au moins.

Il y a une précaution bien essentielle à prendre en transplantant les betteraves-disettes, c'est de ne pas rompre la racine : tâchez d'arracher la plante tout entière, et faites en sorte qu'elle soit allongée dans toute sa longueur en la mettant à place, quel que soit le mode que vous adoptiez pour cela ; autrement, elle *fourcherait*, et la végétation en souffrirait singulièrement. Les betteraves disettes, pour être transplantées, doivent être de la grosseur du petit doigt, ou au moins d'un tuyau de grosse plume d'oie; plus petites, elles n'auraient pas assez de force et souvent ne reprendraient pas.

Un mois environ après la transplantation, et lorsque vos betteraves commenceront à pousser quelques grandes feuilles, il deviendra nécessaire de donner un labour entre les rangs : c'est encore le cas de faire usage de la houe à cheval; le travail sera plus prompt et mieux fait qu'avec tout autre instrument.

Quelques cultivateurs conseillent de ne pas *butter* les betteraves, et de se contenter seulement d'ameublir la terre entre les rangs, comme je viens de vous le dire. Je ne suis pas de cette opinion, surtout lorsqu'elles seront plantées dans une terre forte et argileuse. Dans un même champ, j'ai laissé des rangs de betteraves-disettes sans être buttés, et j'ai butté les autres; il y avait une différence de moitié dans la grosseur et la longueur de mes betteraves, et cette différence était en faveur de celles qui avaient été buttées. Voici comment je me suis rendu compte de cela : Les betteraves-disettes tendent à monter au-dessus de la terre : plus alors j'exhaussais la terre autour d'elles, plus elles montaient, parce que cette terre fournissait plus d'aliment à la végétation. Enfin, je vous conseille de faire comme j'ai fait moi-même, c'est-à-dire de faire l'essai des deux méthodes et d'adopter celle qui vous donnera les plus beaux résultats, parce qu'il est possible que, dans une autre qualité de terre, l'effet ne soit pas le même, ce dont je doute cependant. Seulement je vous recommanderai de ne pas enfouir les feuilles en faisant les buttages, mais de les relever; si vous les enterriez, vous nuiriez au développement de la plante plutôt que de le faciliter.

Je ne vous ai parlé que de la betterave-disette employée comme fourrage; ce n'est pas à dire pour cela que la *betterave à sucre* ne doive pas être cultivée; au contraire, mes amis, et il serait à désirer que, dans chaque département, il s'élevât quelques fabriques de sucre indigène. Cette nouvelle industrie serait un élément de prospérité de plus pour la France.

Les betteraves *jaunes de Silésie* sont celles que l'on cultive pour la fabrication du sucre. Comme elles présentent à peu près les mêmes avantages que la betterave-disette pour la nourriture des bestiaux, que, sous quelques rapports même, elles lui sont préférables, en l'adoptant pour la cultiver, ce serait ouvrir la voie à l'établissement des fabriques et rendre au pays un immense service. Je ne saurais donc trop vous conseiller cette culture.

N'imitez pas les cultivateurs qui *émondent*, pour ainsi dire, leurs betteraves au fur et à mesure qu'elles se développent, et donnent les feuilles à leurs bestiaux pendant l'été; c'est ce que je pourrais nommer faire manger son blé en herbe : mais vous pouvez, sans inconvénient, cueillir les feuilles qui jaunissent ou qui se trouvent détachées ou rompues par le vent. La substance que les betteraves puisent dans l'air par leurs feuilles contribue presque autant à leur accroissement que les sucs qu'elles trouvent dans le sein de la terre : si vous les privez de ces feuilles, il en résultera nécessairement une perte pour la plante.

J'ai récolté des betteraves qui pesaient jusqu'à 5 kilogrammes et demi chacune, et il n'est pas rare d'en trouver d'environ 2 kilogrammes. Voyez quel avantage immense présente cette culture! En conservant les distances que je vous ai indiquées entre chaque betterave et chaque rang, un hectare peut contenir plus de 40 000 plantes, supposez chacune de la pesanteur de 250 grammes (une demi-livre) seulement, vous aurez 10 000 kilogrammes qui équivalent, pour la nourriture de vos bestiaux, comme je vous l'ai dit, à 3000 ou 4000 kilogrammes de fourrage sec.

Les betteraves-disettes se récoltent vers la fin d'octobre ou le commencement de novembre, avant les gelées, qui leur causent beaucoup de tort et les font pourrir. Pour les arracher, on soulève la terre en dessous, afin d'avoir la plante entière, qui se romprait facilement si l'on ne prenait pas cette précaution. Il faut choisir, autant que possible, un beau jour, afin qu'elles puissent se sécher à l'air avant d'être mises en monceaux. Après avoir coupé toutes les feuilles, vous placerez vos betteraves dans un lieu sec à l'abri des gelées, en les posant l'une d'un sens, l'autre en sens opposé, comme l'on fait ordinairement des bouteilles, afin qu'elles prennent moins de place. Il n'est pas nécessaire de mettre de la paille entre les couches; mais plus vos betteraves seront en ordre et pressées les unes contre les autres, moins elles seront exposées à être entamées par les souris et les rats.

On vous a quelquefois vanté les *silos* comme moyens de conservation des racines pour l'hiver. Les *silos* sont des fosses que l'on creuse en terre dans un lieu sec, à la profondeur d'environ 66 centimètres, et sur telle longueur qu'on juge convenable. Après avoir bien nettoyé la fosse, on y entasse, en les rapprochant le plus possible, les racines qu'on veut conserver. Une fois la fosse bien remplie, on recouvre de terre, en forme de *tombe* ou de sillon élevé, et on foule pour que l'eau ne pénètre pas. Le silo ainsi préparé, on fait alentour des rigoles un peu plus profondes que le silo lui-même, afin que toute l'humidité puisse s'échapper et que les racines soient constamment à sec.

Ainsi disposées, elles se conservent parfaitement et sont à l'abri des animaux malfaisants et des plus fortes gelées. Quand on ouvre un silo, on doit enlever de suite tout ce qu'il contient de racines, parce que, s'il survenait des pluies, on serait exposé à perdre ce qui resterait.

Lorsque les betteraves approchent de leur maturité, les plus belles deviennent quelquefois la proie des mulots et des musaraignes qui les creusent et les dévorent; il faut alors donner la chasse à ces animaux, et il n'est pas facile de s'en défaire. Le mieux est d'arracher les betteraves aussitôt qu'elles sont mûres et avant qu'elles soient trop endommagées.

Améliorations qu'apporte au sol la culture des plantes sarclées.

Après la récolte des betteraves, vous pourrez, mes chers amis, faire un ensemencement en froment, sans nouvel engrais, comme après les pommes de terre, et c'est le moment de vous parler ici de l'amélioration qu'éprouve le sol par la culture des plantes sarclées.

Il est bien reconnu que, plus la terre est divisée, retournée, plus ses différentes parties sont exposées aux rayons du soleil et reçoivent les impressions de l'air, plus elle devient fertile et propre à la culture. Il est inutile de vous en expliquer les motifs, parce que cela nous conduirait dans une discussion scientifique que vous auriez de la peine à comprendre : il faudrait auparavant que vous fussiez bien familiarisés avec la physique et les expressions ou les termes que l'on est obligé d'employer dans cette science. La physique et la chimie, en les appliquant à l'agriculture, seraient fort utiles, sans doute, mais je n'entreprendrai pas cette année de vous en développer les principes : qu'il nous suffise maintenant de connaître les effets, une autre fois nous rechercherons les causes. Je dis donc qu'il est reconnu en fait que l'exposition des différentes parties du sol aux rayons du soleil et à l'action de l'air le rend plus fertile.

Il suit de là que la culture des plantes sarclées doit nécessairement augmenter la fertilité : plus la terre est labourée, plus elle devient *meuble*, c'est-à-dire *divisée, menue*, facile à travailler. La nécessité de butter les pommes de terre, de bêcher les betteraves entre les rangs, si on ne veut pas les butter, fait que le sol reçoit un nouveau labour à chaque fois qu'a lieu ce travail indispensable, si vous voulez avoir de beaux produits; il est impossible de faire la récolte des plantes sarclées, sans que la terre soit de nouveau remuée, ce qui lui donne encore un labour. Enfin, ces plantes, par leur végétation même, par leur forme, leur nature, la divisent encore et la soulèvent. La terre est donc, après les plantes sarclées, parfaitement ameublie : première amélioration.

Par une conséquence nécessaire, plus elle est *ameublie*, plus elle reçoit les impressions de l'air, et vous le comprenez sans peine, puisque le simple bon sens dit que l'air pénètre plus facilement dans un sol bien divisé que dans celui qui est dur et compacte : seconde amélioration. Enfin, par suite de ces fréquents labours, toutes les parties du sol se trouvent tour à tour exposées aux rayons du soleil, et vous savez quel en est l'effet ; le soleil échauffe et vivifie la terre. Remarquez tous vos champs exposés au midi ; ne sont-ils pas beaucoup plus productifs que ceux dont la pente est vers le nord ? Peut-être direz-vous que le vent froid qui vient de ce côté contribue à retarder ou à diminuer la végétation : cela est vrai ; mais toujours est-il que, plus la terre recevra de rayons du soleil qui la pénétreront, plus elle sera fertile. Ainsi, troisième amélioration résultant de la culture des plantes sarclées.

Ce n'est pas tout encore, mes chers amis, le sol renferme dans son sein une immense quantité de graines qui germent aussitôt que la couche de terre qui les recouvre est assez mince pour laisser arriver jusqu'à elles l'air nécessaire. Ces graines ont pour la plupart mûri dans les jachères, comme je vous l'ai dit, et donnent naissance à des plantes qui nuisent à vos récoltes, soit en les étouffant par leur nombre, soit en se mêlant aux grains. La majeure partie ne sont pas des plantes *vivaces*, mais elles périssent aussitôt que le germe est détruit ou que la tige est brisée. On nomme *plantes vivaces* celles dont les racines se conservent en terre pendant plusieurs années, et poussent de nouvelles tiges, quand les premières ont porté leurs fruits ou ont été coupées ; de ce nombre est le chiendent, etc. Les labours que nécessitent la culture des plantes sarclées détruisent presque toutes ces plantes vivaces ou non, en mettant à découvert les racines des premières qui périssent alors, et en coupant ou arrachant les autres à mesure qu'elles lèvent. Il en résulte que la terre qui

14

s'est améliorée, ainsi que vous venez de le voir, se nettoie et fournit ensuite des récoltes plus nettes, et par cela même d'une qualité supérieure.

Tout ce que je vous ai dit des plantes sarclées, mes chers amis, doit vous convaincre de l'importance de leur culture et des nombreux avantages que vous y trouverez; sous tous les rapports possibles, leur utilité se présente sans pouvoir être contestée. Vous ne pouvez donc vous dispenser d'en adopter l'usage sans être ennemis de vos propres intérêts, sans vous nuire à vous-mêmes volontairement. Je ne concevrais pas la conduite de ceux d'entre vous qui se refuseraient à cette culture si précieuse à tous égards. Ensemencez vos champs alternativement en céréales, en prairies artificielles, en pommes de terre et en betteraves-disettes, etc.;... laissez le moins de jachères que vous le pourrez, c'est-à-dire n'en conservez que ce qui est strictement nécessaire pour faire faire à vos bestiaux un exercice que la santé réclame; que vos jachères ne durent jamais plus d'une année, ou si vous voulez faire mieux encore, remplacez une partie de vos jachères par des prairies temporaires, voilà le meilleur mode de culture, ou, pour me servir d'une expression que je vous ai déjà expliquée, le meilleur assolement et le plus profitable que vous puissiez avoir. En le suivant, vous doublerez en peu d'années les produits de vos exploitations, et vous augmenterez votre richesse. Je vous ai quelquefois présenté ma ferme comme terme de comparaison; il n'en est pas une des vôtres qui ne puisse acquérir le même degré de prospérité, si vous savez en tirer tout le parti dont elles sont susceptibles.

Je vais, en finissant la veillée, vous dire quelques mots de la culture de diverses espèces de choux et de navets. Je commencerai par le *chou*.

Choux.

Nous devons à M. Ivart (*Traité des Assolements*) des détails fort intéressants sur la culture du chou.

Les terrains meubles, profonds et substantiels, conviennent particulièrement à la culture des choux, ainsi qu'une atmosphère humide et brumeuse, un climat doux et tempéré.

La préparation du sol est la même que nous avons indiquée pour les pommes de terre.

On sème rarement les choux à place, si ce n'est ceux qu'on destine à être fauchés. Pour bien réussir, ils doivent être transplantés. On sème ordinairement les choux au mois de mars, pour les transplanter en mai et en juin. Quelques cultivateurs les sèment en août, et les transplantent en septembre et en octobre; cette méthode paraît moins avantageuse.

Un hectare peut contenir de 15 000 à 20 000 pieds de choux, en les plaçant à 50 centimètres de distance sur le même rang et à 1 mètre entre les rangs.

En buttant les choux avant qu'ils aient atteint un trop grand développement, cette opération produit un très-bon effet; elle peut servir à procurer une double récolte en semant sur la terre, ainsi relevée, quelques graines de plantes qui croissent à l'ombre et ne nuisent pas à la végétation du chou, parce qu'il va puiser beaucoup plus bas les sucs qui lui sont nécessaires.

L'effeuillage des choux ne doit commencer que lorsqu'ils ont atteint environ les deux tiers de leur développement, par le même motif que celui dont je vous ai parlé pour les betteraves. Un soin indispensable à prendre en effeuillant les choux est de ne pas rompre la feuille trop près du tronc, mais seulement à l'endroit où se termine le *limbe* (partie large et aplatie de la feuille) en laissant subsister le *pétiole* ou support de la feuille. C'est le moyen de les conserver plus longtemps et de faciliter la pousse de nouveaux jets près du pétiole de la feuille enlevée.

Le choix des espèces est une chose importante, que le cultivateur ne doit pas négliger.

Les choux peuvent se diviser en deux classes générales : *les choux pommés* et *les choux branchus*, vulgairement nommés *choux communs*, ou *choux à vaches :* c'est spécialement de cette dernière classe que nous parlons.

Les meilleures espèces sont : 1° le grand chou cavalier ; 2° le chou du Poitou, ou chou à mille têtes ; 3° le chou moellier, l'un des plus avantageux, et dont la tige remplie de moelle sert encore à la nourriture des bestiaux ; 4° enfin, le chou vert commun.

Le choux est une plante très-épuisante, ce qui fait que, dans un bon assolement, sa culture ne doit revenir dans les mêmes champs qu'à des intervalles assez éloignés, par exemple, tous les six à huit ans.

Pour obtenir de bonnes graines de chou, les sujets qu'on destine à la produire ne doivent pas être effeuillés, ils doivent croître dans un sol riche et bien exposé à l'air.

Une utile précaution consiste à changer la graine de pays, parce que le chou, comme beaucoup d'autres plantes dégénère promptement quand on sème pendant plusieurs années la graine recueillie sur le lieu même.

Rutabaga ou Chou-navet de Suède.

Cette espèce est encore peu cultivée et mérite de l'être davantage. Le rutabaga peut et doit même être transplanté comme les autres choux. Cependant, semé en bonne terre et en rayons, il réussit très-bien, quoique non transplanté.

Le rutabaga pourrait être cultivé à l'égal des betteraves-disettes. Quelques cultivateurs vont jusqu'à le préférer à ces dernières. Dans les terres neuves, les sols frais et profonds, il donne des produits extraordinaires. Le volume des rutabagas se développe jusque dans le courant de janvier, ce qui prouve que cette plante est peu sensible à la gelée. On sème le rutabaga en avril, pour le transplanter en mai et juin, en juillet et en août quand on ne le transplante pas. Il aime les terres légères et bien fumées. Il y a des rutabagas qui atteignent jusqu'à la pesanteur de 5 ou 6 kilogrammes. La transplantation se fait comme celle de la betterave. Il sert pour le ménage comme pour les bestiaux; c'est un des bons navets qu'on puisse manger.

Pour conserver les rutabagas pendant l'hiver, il suffit de les placer en rangs, debout et légèrement inclinés, pour que l'eau ne séjourne pas sur leur sommet. On les couvre d'un peu de terre entre les rangs, en ayant soin de ne pas cacher la partie où poussent les feuilles, et que l'on nomme le *collet*.

Colza ou Chou à huile.

Le colza ou chou à huile, dont la culture est trop peu répandue dans notre pays, ouvrirait une nouvelle branche de commerce et d'industrie si on l'adoptait plus généralement.

L'utilité du colza peut être envisagée sous deux points de vue : comme nourriture pour les bestiaux, ou comme spéculation de commerce à cause de sa graine. Sous le premier rapport, la nourriture que donne le colza a l'avantage d'être très-précoce, puisque dès le mois de mars on peut commencer à l'effeuiller pour le donner aux vaches, et alors il vient au secours des pommes de terre qui commencent à s'épuiser, ou qui, venant à germer, ne sont plus aussi saines et peuvent même à cette époque occasionner des coliques; c'est d'ailleurs le temps de mettre en terre celles que l'on aura conservées. Il remplace encore les betteraves-disettes, lorsqu'un hiver rigoureux en a hâté la consommation. Mais c'est par rapport à la graine surtout que la culture du colza est avantageuse.

Dans quelques parties de la France on cultive le colza en grand; dans le nord et en approchant de la Belgique, on le rencontre avec plus d'abondance, parce qu'il existe dans ces contrées des fabriques considérables d'huile auxquelles on expédie la graine de colza de tous les points.

Voici, mes chers amis, en quoi consiste la culture de cette plante :

Le colza se sème depuis le commencement de juillet jusqu'en août, et le plant demande à être sarclé avec soin; la terre destinée au semis doit être bien fumée et bien meuble. Vers la fin de septembre, le plant est ordinairement assez fort pour être mis à place. Après avoir donné un labour à la terre que l'on veut remplir de colza, dès le commencement de septembre, et l'avoir pourvue d'engrais, surtout lorsque c'est une terre forte, on donne un second labour pour faire planter. Quelques cultivateurs se servent du plantoir; mais je préfère employer la charrue et suivre la méthode que je vous ai indiquée pour les betteraves-disettes; elle est plus prompte et moins dispendieuse, elle m'a toujours réussi. Le plantoir comprime la terre et fait que les racines ne se développent pas aussi facilement que lorsque cette terre est rejetée sur les racines mêmes, bien ameublie par la charrue. Par cette méthode, toutes les racines sont allongées dans la terre, tandis qu'avec le plantoir elles se trouvent en grande partie repliées dans une direction opposée à celle qu'elles doivent naturellement avoir, ce qui retarde nécessairement les progrès de la végétation.

Le plant de colza, comme fourrage, se place en observant, soit entre chaque pied du même rang, soit entre les rangs, la même distance que pour les betteraves. Quand on le conserve pour graine, il suffit de laisser 33 centimètres entre chaque rang. Après l'hiver, et vers le mois de mars, il faut donner un labour entre les rangs de colza, parce que les pieds ont besoin d'être regarnis, soit qu'on les réserve ou non à graine.

La récolte de la graine de colza se fait ordinairement vers la mi-juin et aussitôt que la majeure partie des *siliques* ou enveloppes qui la contiennent est mûre. Un cultivateur soigneux doit y veiller, quand vient cette époque, afin de saisir le moment favorable. Vingt-quatre heures de retard suffisent quelquefois pour occasionner une perte considérable, parce que, arrivées à une maturité parfaite, ces siliques s'ouvrent et laissent échapper la graine. On n'a pas, à proprement parler, besoin de faire des semis de colza tous les ans; aussitôt après la récolte, en arrachant tous les pieds que l'on peut utiliser, soit en les brûlant en monceaux, soit en s'en servant pour chauffer le four, on peut se contenter de passer la herse sur le sol; on verra bientôt lever une grande quantité de jeune plant. Arrosez-le avec le purin, ou répandez par-dessus de la fiente de poule ou de pigeon; il deviendra aussi beau, aussi vigoureux que celui d'un semis fait exprès. L'emploi de ces engrais produit un effet vraiment merveilleux.

Vous pourrez, après la récolte du colza, en ne réservant que la quantité de terrain nécessaire pour avoir suffisamment de plant, donner un léger labour à la terre, et la remplir de *verte*, de trèfle incarnat ou commun, ou bien de *vesce d'hiver*. Si vous l'aimez mieux, vous pouvez, après le colza, ensemencer votre champ en froment ou en avoine, ou toute autre espèce de céréales que l'on sème à l'automne.

Carottes.

La carotte est encore une des plantes qu'on peut le plus utilement cultiver. Quoique la carotte ne soit pas difficile sur la nature du terrain, un sol sablonneux et profond est celui dont elle paraît le mieux s'accommoder. Sa culture prend rang, dans l'assolement, entre deux ensemencements de céréales. Elle demande, pour la préparation des terres et la distribution des engrais, les mêmes soins que les autres plantes sarclées.

La carotte se sème ordinairement à la volée ou mieux encore en rayons espacés de 33 centimètres dans le courant des mois de mars ou avril, selon que la température est plus douce. La quantité de graines nécessaire pour un hectare est de 4 à 5 kilogrammes. Il convient de bien sarcler le plant et de l'éclaircir, toutes les fois que les carottes se trouvent trop rapprochées les unes des autres, ce qui les empêcherait de grossir. On arrache ordinairement les carottes vers la fin d'octobre, et on les conserve pour l'hiver dans des *silos*, ainsi que je vous l'ai expliqué pour les betteraves, après avoir exactement enlevé les feuilles en les coupant au collet de la racine.

Les carottes ne portent ordinairement de graine que la seconde année. On choisit, pour la reproduction, les plus belles et les plus saines; on les plante en bonne terre, au mois d'avril qui suit la récolte des racines. La graine de deux ans est généralement plus estimée que celle de l'année; quelques expériences ont donné lieu de penser qu'alors les carottes avaient moins de disposition à *monter*. La meilleure espèce comme fourrage paraît être *la carotte blanche à collet vert.*

Navets.

A ne considérer le *navet* que comme fourrage, sa culture est très-avantageuse, surtout en ce qu'elle demande peu de soin. Semé après un léger labour en bonne terre, il fournira vers la fin de l'hiver une bonne nourriture à vos bestiaux, et viendra comme auxiliaire des autres plantes dont je vous ai parlé. Choisissez de préférence les terres légères et sablonneuses, la qualité du navet en sera meilleure. Le navet est encore une des plantes qui doivent entrer dans l'assolement comme culture *intercalaire* [1].

Panais.

Enfin, si votre terre est profonde, c'est-à-dire si la couche de terre végétale ou *sol* a beaucoup d'épaisseur, cultivez les *panais*, plante à racine longue et pivo-

1. Nous devons à M. Baudru, secrétaire de la mairie à Chantenay (Loire-Inférieure), la connaissance du procédé suivant usité en Allemagne pour préserver le jeune plant de navet et de chou de la voracité des pucerons : on prend 1 kilogramme et demi de graine que l'on met dans un vase avec 30 grammes de fleur de soufre; on brasse le mélange et on ferme hermétiquement. Chacun des deux jours suivants on ajoute encore la même quantité de soufre de la même manière, et on peut semer le quatrième jour.

tante, adoptée dans quelques parties de la Bretagne, où l'on en tire un excellent produit. On les sème en mars et pendant une partie de l'été.

Fèves et Féveroles.

Un bon cultivateur ne doit négliger aucune plante utile. Les fèves et les féveroles sont de ce nombre, surtout pour ceux qui se livrent à l'éducation des chevaux. Un médecin-vétérinaire instruit[1] m'a fait connaître toute l'importance de cette culture. « Pour donner de la force aux jeunes chevaux qui ont la poitrine faible et délicate, m'a dit M. Pâquer, on ne peut rien employer de meilleur qu'un pain composé de parties égales de farines de fèves et d'orge. » L'espèce que l'on cultive spécialement pour cet usage est la féverole (*faba vulgaris equina*). L'ensemencement des fèves se fait dès la fin de février, aussitôt que les vents ont fait disparaître la surabondance des eaux, occasionnée par les pluies d'hiver. On choisit de préférence les terres fortes, les marais ou les prairies nouvellement défrichées. On sème les fèves en lignes, espacées les unes des autres de 6 à 8 centimètres. Il ne faut pas craindre de fouler la terre sur les fèves. La quantité de semence pour un hectare peut être évaluée à deux hectolitres.

Mon but, je vous l'ai annoncé en commençant nos entretiens, mes bons amis, n'est pas de vous donner un cours complet d'agriculture, mais de faciliter, par quelques notions simples, les moyens d'arriver graduellement à des améliorations dont la nécessité est généralement sentie.

1. M. Pâquer, de Nantes (Loire-Inférieure).

Je vous ai démontré l'importance d'une bonne administration agricole que l'on nomme *économie rurale;* la nécessité d'une distribution convenable dans le capital d'exploitation, dans l'emploi du temps; les inconvénients de l'assolement triennal; j'ai combattu le système de la conservation des jachères ou terres à repos, en vous faisant connaître combien elles sont nuisibles; je vous ai indiqué la classification générale des terres et l'application des divers engrais à chaque espèce; il me reste à vous parler des bestiaux et de quelques autres branches de l'industrie agricole; mais, avant de nous séparer, je vous prie de jeter les yeux sur cette espèce de petit calendrier que j'ai préparé pour vous, dans le but de mieux classer dans votre mémoire l'époque des divers ensemencements qu'il vous importe de bien connaître. J'ai pensé qu'en le divisant en quatre parties, selon les saisons, il serait plus intelligible. Mais vous remarquerez que vous pouvez avancer ou retarder de quelques jours les époques indiquées, suivant le climat que vous habitez, ou l'état de l'atmosphère.

J'y ajouterai quelques explications sur la culture du potager. Dans l'économie rurale, le jardinage a une grande importance.

Tableau des ensemence

	PRINTEMPS.	ÉTÉ.
	MARS.	JUIN.
Semer...	Avoine noire, trèfle commun, orge, luzerne, blé de printemps, sainfoin, grande chicorée, pois, vesces, carottes, panais, choux rutabagas, spergule, lupuline, lin.	Blé noir, cardères, navettes de printemps.
Planter..	Pommes de terre précoces, arbres verts, chênes, châtaigniers, boutures, de peupliers et osiers.	Betteraves-disettes, choux turneps. Herser les pommes de terre; butter les pommes de terre précoces.
	AVRIL.	JUILLET.
Semer...	Laitues à vaches, lin de printemps, chanvre, betteraves-disettes, rutabagas, graine de foin, carottes.	Colza, navets, choux communs.
Planter..	Pommes de terre, maïs, houblon. Greffer les pommiers, entueller les châtaigniers.	Butter les pommes de terre; cultiver les betteraves-disettes et les arroser avec le purin.
	MAI.	AOUT.
Semer...	La vesce de printemps, le colza, sarrasin ou blé noir, navets précoces, lupin blanc.	Trèfle incarnat, gaude, navets, grande chicorée.
Planter..	Betteraves-disettes, choux rutabagas.	Butter les pommes de terre tardives; cultiver les betteraves-disettes avec la houe à cheval.

ments, plantations, etc.

AUTOMNE.	HIVER.	
SEPTEMBRE.	DÉCEMBRE.	
Avoine ou orge pour couper en vert, vesces d'hiver, trèfle incarnat.	....	Semer.
— Commencer la récolte des feuilles de betteraves-disettes, colza.	— Continuer la plantation des arbres. Taille des arbres à fruit.	Planter.
OCTOBRE.	JANVIER.	
Avoine blanche, blé, seigle, lin d'hiver.	....	Semer.
— Chênes, châtaigniers, coudriers, colza.	— Comme au mois précédent.	Planter.
NOVEMBRE.	FÉVRIER.	
Froment rouge mousse et barbu, blé de providence, seigle.	Fèves et féveroles, avoine, œillette.	Semer.
— Peupliers, osiers, châtaigniers, choux communs.	— Choux communs, arbres verts, châtaigniers.	Planter.

De l'utilité et de la culture du potager.

Il y a, mes chers amis, dit Jérôme, une partie de l'exploitation dont je ne vous ai point encore parlé et qui mérite cependant votre attention en raison de la place importante qu'elle occupe dans l'économie rurale, c'est le *potager*. On nomme ainsi le jardin où l'on cultive les légumes pour la consommation journalière des habitants de la ferme.

Le potager est généralement beaucoup trop négligé. Souvent il est abandonné aux soins et à la surveillance des ménagères ; ce n'est pas cela que je blâme, seulement je voudrais qu'elles missent dans leur culture plus d'ordre et un peu plus de connaissances horticoles.

Les légumes font une partie essentielle de l'alimentation et, à ce titre, ils rentrent pour beaucoup dans la bonne répartition du capital d'exploitation. Je sais que, dans le nombre, il y en a qui tiennent à la grande culture, tels sont les pommes de terre, les rutabagas, les navets, les choux cavaliers, etc., etc. Aussi ne vous parlerai-je pas de ceux-là, puisque nous nous en sommes occupés. Mais les choux-pommes, les oignons, les poireaux, les carottes, les diverses espèces de salades, les pois, les haricots, les fèves, etc., etc., appartiennent à la culture du potager. Il en est de même de quelques arbres à fruit que l'on élève soit en espaliers le long des murs, soit en quenouilles ou en pyramides, soit à haute tige en plein vent.

Avant de nous occuper de la culture, disons d'abord quelques mots de la disposition du potager :

Une bonne exposition est une condition essentielle pour le potager qui doit recevoir les rayons du soleil aussi longtemps que possible. Il faut donc éviter de le placer au nord des maisons et lui donner une pente légère vers le midi ou l'est.

Quand on a fait choix de l'emplacement, on divise le potager en carrés ou en parallélogrammes réguliers séparés entre eux par des allées assez spacieuses pour permettre une circulation facile.

Le terrain le long des murs est réservé sur une largeur d'un mètre à deux pour faire les semis de plantes qui doivent être repiquées à place dans les carrés.

La terre du potager doit être celle que nous avons désignée sous le nom de *terre franche* ou *terre normale* (page 52). Cette condition, cependant, n'est pas indispensable, et, à défaut de terre franche, il faut choisir la terre *argilo-siliceuse*, celle qui, à l'analyse chimique, se rapprocherait de l'exemple donné par Bergmann (page 143), et dont la pesanteur spécifique (page 51) serait d'environ 2,560, parce que, en raison de la quantité d'engrais qu'on emploie, elle doit contenir une forte portion d'*humus*. Les terres trop mouillées ne conviennent pas pour le potager.

Voici maintenant, mes amis, selon les diverses saisons, les principaux travaux que vous aurez à faire dans le potager :

En janvier : vous pourrez essayer quelques semis de radis, poireaux, laitue mignonne, laitue capucine, chicorée frisée, pois hâtifs, fèves de marais, oignons, carottes naines de Hollande et de quelques pommes de terre hâtives, telles que la *marjolin*, la *segonzac*.

Vous sèmerez également, mais sur couches, des choux-milan, des choux d'York, et des choux-fleurs demi-durs.

Ce sera le moment, si le temps le permet, de donner des labours profonds aux carrés qui devront recevoir plus tard les plants de choux, d'oignons et de poireaux.

En février : ce sont à peu près les mêmes soins et les mêmes travaux; mais remarquez qu'il y a certaines plantes dont le succès dépend de ce qu'elles sont mises dans des terrains dont la fumure est déjà ancienne. Ainsi les carrés fumés récemment devront être consacrés à la culture des choux; ceux fumés depuis un an seront destinés aux carottes, haricots et oignons; enfin vous réserverez des parties plus anciennement fumées pour les pois, l'ail et les échalotes.

Vous continuerez dans ce mois à semer de la laitue et des pois en donnant la préférence aux pois nains de Hollande et aux pois-michauds hâtifs.

En mars : vous sèmerez les melons sur couche; vous ferez des bordures d'oseille en séparant par éclats les vieux plants. Vous sèmerez les navets, les salsifis, les panais, les scorsonnères, les betteraves, les lentilles, l'ail, les échalotes et l'oseille.

C'est dans ce mois que vous devez mettre à place les porte-graines de toute espèce de légumes. Enfin c'est encore dans le mois de mars que vous ferez les *cressonnières* en choisissant de préférence le bord des eaux de source peu profondes.

En avril : on sarcle les semis avec soin et on éclaircit ceux qui sont trop fournis, particulièrement ceux d'oignons, de carottes, de laitue et de choux. Vous sèmerez dans ce mois les citrouilles, potirons, giraumons, courges, calebasses, concombres, et pourrez essayer quelques boutures de melons sur couche, principalement de l'espèce dite *prescote*.

En mai : on continue les sarclages, d'autant plus nécessaires que c'est le moment où la végétation a le plus d'activité. On sème les haricots, les choux dits de

Saint-Brieuc, les brocolis, les choux-fleurs, les salsifis, le pourpier, la raiponce, les navets et la chicorée. Parmi les meilleures espèces, on cite la chicorée frisée de Meaux et la chicorée blanche. Enfin vous sèmerez également dans ce mois les épinards, le persil, le cresson. Dès le commencement du mois, vous repiquerez les choux dont le plant sera assez fort. Des horticulteurs distingués recommandent de planter les petites espèces de choux, telles que le chou d'York et le milan hâtif, à 50 centimètres environ les uns des autres en tous sens; les grosses espèces de milan à 66 centimètres, et le gros cabus ou chou quintal, à un mètre.

Choisissez pour la plantation un moment où la terre est humide.

On termine en mai la plantation des pommes de terre et on commence à récolter celles qui ont été plantées en janvier.

En juin : c'est le moment des semis pour l'arrière-saison en choux-fleurs, radis, choux de Bruxelles, choux-milan frisés, haricots, pois, carottes, persil, rutabagas, chicorée et principalement l'espèce dite *scarole*. Les arrosements fréquents deviennent nécessaires pour le développement complet des légumes.

En juillet : le potager réclame les mêmes soins qu'en juin; c'est au commencement de ce mois qu'il faut repiquer le céleri, les choux-fleurs pour l'automne, et les divers choux destinés à être consommés l'hiver.

En août : on sème les mâches, les haricots de Hollande qu'il faut couvrir d'une légère couche de terreau, les oignons blancs pour repiquer au printemps. On continue d'arroser fortement pendant toute la durée des chaleurs.

En septembre : les principaux soins consistent à recueillir les graines mûres et à préparer le sol pour la plantation des arbres, ainsi qu'à rétablir les bordures de fraisiers, de thym, de lavande et d'hyssope.

En octobre : on s'occupe spécialement de la récolte des fruits et on fait quelques semis de laitue d'hiver. L'espèce dite petite-crêpe paraît être une des meilleures. Ces semis doivent être faits à l'exposition la plus chaude et la plus à l'abri. C'est l'époque recommandée par M. Leroy-Mabille pour la plantation des pommes de terre comme moyen préservatif de la maladie (page 197).

En novembre et en décembre : les travaux du potager ont pour objet principal de garantir les plantes contre les gelées en les couvrant avec des paillassons. C'est aussi l'époque de la plantation des arbres à fruit, époque qui se prolonge jusqu'en avril.

Je ne vous ai point parlé de la taille des arbres, mes amis, parce que cette partie très-intéressante de la culture demande des explications qui m'entraîneraient au delà du plan que je me suis tracé pour nos petites instructions. La taille est une opération qui demande beaucoup d'habitude et d'habileté. C'est une de celles pour lesquelles la théorie n'est véritablement utile que lorsqu'elle est accompagnée de démonstrations pratiques. Je me bornerai donc à ces courtes indications sur la culture du potager, et j'appelle sur elles toute votre attention.

QUATORZIÈME ENTRETIEN.

ÉCONOMIE DU BÉTAIL.

Hygiène des bestiaux. — Animaux de trait.— Animaux de rente. — Système Guénon. — Animaux de spéculation. — Animaux de basse-cour.

Après vous avoir entretenus, mes amis, dit Jérôme, des moyens propres à augmenter votre aisance par l'amélioration de la culture, je ne puis omettre de vous parler spécialement des bestiaux, car ils sont l'âme de l'agriculture. Ce sont eux qui fournissent au cultivateur ses principaux engrais ; sans eux, point de grands travaux agricoles ; avec eux, au contraire, accroissement constant dans la production et dans le revenu des terres. Les bestiaux, comme vous le voyez, sont une des sources principales du *produit net*. Ils méritent donc toute notre attention.

On peut les classer en trois catégories dont nous allons nous occuper successivement, savoir :

Animaux de trait ; — animaux de rente ; — animaux de spéculation.

Comme il est très-important pour le cultivateur de savoir tirer tout le parti possible de la portion de son capital d'exploitation représentée par les bestiaux, je vous ferai connaître quelle doit être la distribution de ce capital par rapport à ces trois séries d'animaux, relativement à l'étendue des fermes; mais, auparavant, je dois vous expliquer les principes généraux de l'*hygiène* applicables à toutes les classes et à toutes les espèces.

Hygiène des bestiaux.

On entend par *hygiène* la recherche et l'emploi des procédés destinés à la conservation de la santé, soit chez l'homme, soit chez les animaux.

Deux conditions principales tendent à la conservation de la santé de tous les êtres animés : la pureté de l'air et une nourriture convenable.

Le premier soin d'un cultivateur intelligent doit être de veiller à ce que ses animaux respirent toujours un air pur et sain. Plusieurs causes rendent l'air insalubre en le corrompant : la première est la réunion d'un trop grand nombre d'animaux dans un local trop petit ou mal disposé. Je dis d'abord dans un local trop petit : un bon cultivateur doit savoir calculer l'espace nécessaire pour donner à ses bestiaux la quantité d'air dont ils ont besoin. Un des plus grands défauts des constructions rurales consiste à leur donner généralement trop peu d'élévation. Cette élévation devrait être au moins partout de mètres 50 centimètres à 4 mètres pour les étables, les écuries et les bergeries, et de 2 mètres pour les toits à porcs. La surface que doit occuper chaque animal, en y comprenant la mangeoire, doit être environ, savoir : pour un cheval de trait, un bœuf ou une forte vache, de 6 mètres carrés ; pour une vache moyenne, de 5 mètres ; pour les élèves de l'espèce bovine d'un an à trois ans, de 4 mètres carrés ; pour un porc, de 2 mètres 50 centimètres ; pour un mouton, d'un mètre.

Il vous sera facile maintenant de calculer quelle doit être l'étendue des étables pour un nombre déterminé d'animaux [1] ; mais cette première précaution ne

1. Voir nos *Problèmes et questions d'agriculture*, 2 vol. in-12, librairie de L. Hachette et Cie, à Paris.

suffit pas, il faut que les étables soient pourvues de jours suffisants pour que l'air puisse se renouveler sans occasionner de changements trop subits dans la température. Les animaux à l'étable doivent être entretenus dans une chaleur moyenne qui facilite la transpiration sans trop relâcher la peau. Pour cela on doit ménager dans les murs des ouvertures qui donnent à l'air un libre cours, suivant les besoins.

Ne menez jamais vos bestiaux trop vite au pâturage ou à l'abreuvoir.

La deuxième condition principale est de donner aux animaux une nourriture convenable. Ceci ne s'applique pas seulement à la qualité, mais encore à la bonne distribution des aliments. La nourriture doit être saine, appropriée à l'espèce comme à l'âge des animaux, et proportionnée à leurs besoins. Souvenez-vous des conseils que je vous ai donnés quand nous avons parlé de la culture des plantes fourragères. Quand les changements de saison amènent les changements de nourriture, il faut habituer graduellement les animaux au nouveau régime qu'ils vont suivre. Il peut être très-dangereux de les faire passer brusquement de la nourriture sèche de l'hiver à la nourriture du printemps, et réciproquement.

La nature et la préparation des aliments diffèrent selon la destination des animaux. Une règle certaine à cet égard consiste à donner des aliments plutôt crus que cuits aux animaux de travail et de rente, et des aliments cuits aux animaux destinés à être engraissés.

Nous allons voir tout à l'heure quelle doit être la consommation de nourriture pour chaque animal, selon sa taille ou son poids; mais je dois ici vous faire observer que l'on ne doit jamais donner à chaque repas plus de nourriture que l'animal n'en peut consommer, et que les repas doivent être réglés et assez éloignés l'un de l'autre pour que la digestion du premier soit faite quand le repas suivant arrive. Le temps consacré à chaque repas doit être de deux heures à deux heures et demie pour les animaux de taille moyenne; de trois heures pour les animaux de forte taille.

Je vous répéterai, pour que vous ne l'oubliiez pas, mes amis, qu'un mélange de paille hachée soit avec les fourrages verts, soit avec les racines et le foin, est un très-bon moyen pour conserver la santé des bestiaux.

Après les deux conditions principales dont nous venons de parler, il y en a deux autres non moins utiles : ce sont l'exercice et la propreté. L'exercice est nécessaire pour aider à l'action des organes de la nutrition et à la circulation du sang. On a remarqué que les vaches qui étaient livrées à un exercice modéré donnaient du lait de meilleure qualité et en plus grande quantité.

La propreté est une chose complétement négligée par la plupart des cultivateurs. N'est-il pas honteux de voir tant d'animaux couverts de fiente sèche attachée à leurs poils? C'est un préjugé déplorable de croire qu'il y aurait danger à l'enlever. Sans doute, je ne demande pas que vos bœufs et vos vaches soient étrillés tous les jours comme des chevaux de maître, mais il faut au moins les frotter une fois le jour, ou, comme on dit, les *bouchonner*. Cette pratique facilite la circulation et la transpiration.

Vous parlerai-je de la propreté des étables? Ne croyez pas à la nécessité de conserver les toiles d'araignée comme préservatifs contre les *sorts;* c'est une croyance absurde et injurieuse à Dieu. Il n'y a de sorciers que dans les cerveaux creux des ignorants.

Une habitude que je ne saurais trop combattre est de laisser le fumier s'amonceler dans les étables. La chaleur qui se dégage quand il y en a une trop grande quantité contribue puissamment à vicier et à corrompre l'air et à rendre les animaux malades. Elle est une des causes les plus certaines du développement des maladies de poitrine, des coups de sang ou asphyxies. Les étables doivent être vidées au moins tous les huit à dix jours en été, et au moins une fois par mois en hiver.

J'ai oublié, tout à l'heure, en vous parlant des aliments, de vous signaler les graves inconvénients qui résultent pour les animaux de la mauvaise qualité de l'eau des abreuvoirs : elle tient le plus souvent encore au défaut de propreté. Les abreuvoirs placés dans le voisinage des cours en reçoivent les égouts et avec eux une quantité considérable de saletés qui rendent l'eau malsaine.

Je ne veux pas m'étendre plus longtemps, mes amis, sur les principes généraux de l'hygiène, parce que j'ai beaucoup d'autres choses encore à vous dire.

Animaux de trait.

Nous avons divisé les animaux en trois classes : la première comprend les animaux de trait.

Ces animaux constituent ce qu'on nomme en économie rurale *le service des attelages*. On emploie à ce service, en France, ou les bœufs ou les chevaux ; quelquefois, mais rarement, les ânes ou les mulets. Nous ne nous occuperons que des deux premières espèces comme étant les plus importantes, de même que nous ne parlerons pas des animaux de bât ou de selle qui, du reste, rentrent dans les mêmes conditions que les chevaux.

On a demandé lesquels, des bœufs ou des chevaux, devraient être préférés comme offrant au cultivateur les plus grands avantages.

Il est difficile de répondre à cette question d'une manière précise, parce que dans un grand nombre de circonstances la supériorité ou les avantages de l'une des espèces sur l'autre tiennent à des conditions particulières de climat ou de situation.

En général, lorsque les travaux de la culture doivent être exécutés dans des terres très-argileuses, ou des terrains montueux, quand ces travaux exigent une force soutenue et des efforts patients, les bœufs sont préférables. Il est reconnu d'ailleurs qu'avec les bœufs les labours sont plus réguliers et plus parfaits.

On doit, au contraire, préférer les chevaux dans tous les travaux qui exigent plus de vitesse. La promptitude de l'exécution n'est pas à dédaigner : reste à savoir si elle compense toujours la perfection.

Dans un terrain où l'on peut employer indistinctement les bœufs ou les chevaux, ceux-ci font dans le même temps un cinquième de plus d'ouvrage que les premiers; c'est-à-dire qu'il faudra aux bœufs cinq heures pour faire le même travail que les chevaux auront fait en quatre heures.

On a calculé que l'on pouvait obtenir des chevaux, par année, 241 journées ou 1928 heures de travail, tandis que le travail des bœufs ne serait que de 192 journées ou 1536 heures. Il ne faut pas en conclure que, même avec cette différence, on doive renoncer aux bœufs, puisque le travail de ceux-ci est plus parfait. Un cultivateur intelligent ne doit jamais préférer la célérité à la bonne qualité du travail.

Pour bien apprécier la différence entre deux attelages que l'on suppose de même force, il faut comparer dans les deux cas les dépenses aux produits obtenus.

La dépense pour deux chevaux, en comprenant l'intérêt du prix d'achat, et celui du prix des harnais, charrettes, charrues et autres instruments de labourage, leur dépréciation par l'usage, les frais de nourriture, logement, gages du conducteur, etc..., s'élèvent pour une année à.................. 1455 fr. » c.

Le produit se compose 1° du prix du travail pendant 241 journées, soit.......... 1446 fr.

2° De la valeur du fumier montant à...... 240

Total du produit.... 1686

La différence du produit à la dépense est de. 231 fr.

Le même calcul pour deux bœufs donnera :

Dépense......................... 964 fr. 90 c.

Le produit : 1° Prix du travail, pendant 192 journées......... 921 fr. 60 c.

2° Valeur du fumier. 264

Total du produit.... 1185 fr. 60 c.

La différence du produit à la dépense est de............ 220 fr. 70 c.

L'avantage en faveur des chevaux n'est donc que de.......................... 10 fr. 30 c.

Vous voyez que cet avantage est d'une trop minime importance pour être pris en considération, en le comparant surtout à la supériorité dans l'exécution du travail.

Ainsi, mes amis, quand vous aurez à choisir, fixez votre choix après avoir consulté la nature du climat, la disposition du terrain, la qualité et la nature de la production plutôt que les considérations tirées de la différence entre les recettes et les dépenses relatives aux animaux.

Les animaux de taille moyenne sont plus convenables que ceux de grande ou de petite taille : l'excédant de travail des grands ne paye pas l'excédant de consommation, et les petits ne peuvent être employés à tous les genres de travaux.

En commençant nos entretiens, je vous ai dit, dans un exemple, quel est le nombre d'attelages nécessaire eu égard à l'étendue d'une exploitation, je n'y reviendrai pas. Souvenez-vous seulement qu'en moyenne, et sauf les circonstances exceptionnelles, un attelage de chevaux suffit à une exploitation de 30 à 32 hectares, et un attelage de bœufs à une exploitation de 26 hectares, en ne les employant qu'aux travaux de la culture.

Bétail de rente.

Les animaux *de rente* sont ceux qui fournissent au cultivateur un produit soit annuel, soit journalier, qui tourne au profit de l'exploitation.

Le fumier étant un produit, on pourrait dire qu'à cet égard tous les animaux sont des animaux de rente; toutefois, nous ne comprenons dans la classe de ces derniers que ceux qui donnent un produit autre que le fumier. Les vaches, les moutons, les chèvres, les juments poulinières, les truies destinées à produire sont des animaux de rente. Nous allons bientôt voir ce qui les distingue de ceux que je nomme animaux de spéculation.

Puisque le fumier est un des plus importants produits des bestiaux, il est bien utile d'être fixé sur le rapport qui existe entre ce produit et la nourriture dont il n'est que la transformation.

Après de nombreuses et difficiles recherches, on est parvenu à reconnaître que le poids vivant des bestiaux est le meilleur terme de comparaison : ainsi, quand vous saurez quelle est la quantité du fumier produite par un animal pesant 100 kilogrammes, comparé à la nourriture consommée par le même animal, il vous sera facile de savoir quel devra être le poids des bestiaux nécessaires à la production du fumier que réclameront les besoins de votre exploitation, et en même temps quelle sera la quantité de nourriture et de litière qui devra être transformée en fumier par ce poids de bétail vivant.

Il faut d'abord que vous sachiez que le poids du fumier est égal au poids du foin et de la paille consommés, multiplié par 2,33. Ainsi, un kilogramme de foin et de paille consommé par les animaux produira 2 kilogrammes 333 grammes de fumier.

Quand on calcule sur des fourrages verts ou sur des racines, il faut réduire leur poids réel à son équivalent en foin sec. Voici, mes amis , la proportion des uns et des autres :

4 kilog. 491 gram. de fourrages verts équivalent à 1 kilog. de foin.

2 id. 287 id. de racines alimentaires équivalent à 1 kilog. de foin.

3 id. 740 id. de paille équivalent à 1 kilog. de foin.

Le temps que les bestiaux passent au pâturage ou

au travail étant perdu pour la production du fumier, il faut nécessairement le déduire des jours de l'année et ne compter que ceux passés à l'étable. Dans une ferme bien dirigée, le pâturage ne doit pas excéder l'équivalent du quart de l'année. Reste donc à calculer le produit sur 273 jours.

Ces principes admis, un animal du poids de 100 kilogrammes consomme par jour en foin ou en équivalent du foin un poids de :

		Qui produisent en fumier.
	3 kilog. 500 gram.	8 kilog. 155 gr.
plus, en litière,	0 id. 600 id.	1 id. 398
Totaux.	4 id. 100 id.	9 id. 553

En multipliant la nourriture et la litière par 2,33, la quantité de fumier produite par jour sera donc de 9 kil. 553 gram. par 100 kil. de poids vivant de bétail.

Après avoir cherché la quantité de nourriture consommée par jour pour ce poids, voyons ce qu'elle devra être pendant les 273 jours où les animaux la recevront à l'étable. Ce nombre de jours se divise en deux parties inégales, correspondant, l'une à la saison d'hiver, l'autre à la saison d'été ; nous prenons le commencement de la saison d'hiver au 1er décembre pour finir à la fin d'avril. Pendant ces cinq mois, la nourriture consiste en foin, paille et racines. La consommation sera pour le poids de bétail de 100 kilogrammes, savoir :

1° En foin : 74 kilogrammes, produit de 3 ares 95 centiares de prairie[1].

2° En paille : 58 kilogrammes 890 grammes pour la

1. Dans une bonne alimentation, le foin ne doit entrer que pour 14 pour 100 de la nourriture.

nourriture et 219 kilogrammes pour la litière. La paille est le résultat de la culture céréale.

3° En racines : 1038 kilogrammes 578 grammes, produit de dix ares soixante-quinze centiares[1].

La saison d'été commencera au 1er mai et finira au 31 août. Pendant cette durée, les bestiaux sont nourris par les fourrages verts, dont la majeure partie donne deux coupes. La consommation est de 1921 kilogrammes 500 grammes pour le même poids de 100 kilogrammes de bétail, et est le produit de cinq ares trente-six centiares pour deux coupes ou de dix ares soixante-douze centiares pour une seule coupe. Nous supposons que le reste de l'année est consacré au pâturage dans les *regains* des prairies[2].

Mes bons amis, le désir que j'ai de vous voir prospérer en adoptant bien franchement les progrès de la science agricole, m'a determiné à dresser un tableau qui vous fixera sur le mode d'alimentation que vous devrez adopter pour vos bestiaux, en vous faisant connaître quels seront les résultats de cette alimentation au point de vue de la production du fumier et de son application à la production céréale. Je vous en conjure, suivez exactement ces instructions; elles seront, pour vous en particulier, et pour l'avenir du pays en général, le point de départ d'une ère nouvelle pour l'agriculture et un élément de fortune qui s'étendra à toutes les classes de la société. Je vous l'ai dit, mes amis, et j'aime à le répéter : en travaillant à la prospérité de l'agriculture, vous assurez le bonheur de la France qui puise, dans l'accroissement de la production de son territoire, sa principale puissance. Croyez-

1. Voir nos *Problèmes et questions d'agriculture.*
2. *Idem.*

le bien, mes amis, je n'exagère pas; les agriculteurs ont entre leurs mains le levier de la richesse nationale; s'ils savent s'en servir, la France, dirigée qu'elle est par une haute intelligence, sera puissante au dedans comme elle sera forte au dehors, et le bonheur public sera la conséquence de cette situation que nous envieront tous les autres États.

TABLEAU COMPARATIF

Du poids du Bétail à la nourriture et à la production du fumier et du froment.

POIDS DES BESTIAUX VIVANTS	NOURRITURE D'HIVER CALCULÉE PENDANT 151 JOURS.					
	FOIN DES PRAIRIES NATURELLES.		RACINES ET PLANTES SARCLÉES.			PAILLE HACHÉE.
POIDS.	POIDS.	SURFACES.	POIDS en vert.	ÉQUIVALENTS en foin.	SURFACES.	POIDS.
k.	k. g.	h. a. m.	k. g.	k. g.	h. a. m.	k. g.
100	74 »	» 03.95	1038.578	454.519	» 10.75	58.890
200	148 »	» 07.90	2077.156	909.038	» 21.50	117.780
300	222 »	» 11.95	3115.734	1363.557	» 32.25	176.670
400	296 »	» 15.80	4154.312	1818.076	» 43 »	235.560
500	370 »	» 19.75	5192.890	2272.595	» 53.75	294.450
1000	740 »	» 39.50	10385.780	4545.190	1.07.50	588.900
2000	1480 »	» 79 »	20771.560	9090.380	2.15 »	1177.800
5000	3700 »	1.97.50	51928.900	22725.950	5.37.50	2944.500
1	» 740	» » 04	10.386	4.545	» » 10	» 589
2	1.480	» » 08				
3	2.220	» » 12				
4	2.960	» » 16				
5	3.700	» » 20				
10	7.400	» » 40	103.858	45.452	» 01.07	5.889
20	14.800	» » 79				
30	22.220	» 01.19				
40	29.600	» 01.58				
50	37 »	» 01.98	519.289	227.259	» 05.37	29.445
60	44.400	» 02.38				
70	51.800	» 02.77				
80	59.200	» 03.16				
90	66.600	» 03.56				

TABLEAU COMPARATIF

Du poids du Bétail à la nourriture et à la production du fumier et du froment.

POIDS DES BESTIAUX VIVANTS.	NOURRITURE D'ÉTÉ CALCULÉE PENDANT 122 JOURS (pour deux coupes). FOURRAGES VERTS DES PRAIRIES ARTIFICIELLES.			PAILLE LITIÈRE PENDANT 365 JOURS.	TOTAUX DES FOURRAGES VALEUR EN FOIN, à convertir en fumier.	PRODUCTION DU FUMIER.	CONVERSION DU POIDS EN MESURE.	TOTAUX DES SURFACES		RÉSULTATS PRÉSUMÉS DE L'APPLICATION DU FUMIER A LA CULTURE CÉRÉALE.		
								CONSACRÉES à la culture fourragère.	DESTINÉES à la culture céréale.			
POIDS.	POIDS en vert.	ÉQUIVALENTS en foin.	SURFACES	POIDS.	POIDS.	POIDS.	MÈTRES cubes.	SURFACES.	SURFACES.	POIDS en grain.	HECTOLITRES.	POIDS en paille.
k.	k. g.	k. g.	h. a. m.	k. g.	k. g.	k. g.	m. mil.	h. a. m.	h. a. m.	k. g.	h. l.	k. g.
100	1921.500	420.328	» 05.36	219 »	1226.737	2858.297	3.811	» 20.06	» 15.98	242.955	3.20	534.400
200	3843 »	840.656	» 10.72	438 »	2453.474	5716.594	7.622	» 40.12	» 31.96	485.910	6.40	1068.800
300	5764.500	1260.984	» 16.08	657 »	3680.211	8574.891	11.433	» 60.18	» 47.94	728.865	9.60	1603.200
400	7686 »	1681.312	» 21.44	876 »	4906.948	11433.188	15.244	» 80.24	» 63.92	971.820	12.80	2137.600
500	9607.500	2101.640	» 26.80	1095 »	6133.685	14291.485	19.055	1.00.30	» 79.90	1214.775	16 »	2672 »
1000	19215 »	4203.280	» 53.60	2190 »	12267.370	28582.970	38.110	2.00.60	1.59.80	2429.550	32 »	5344 »
2000	38430 »	8406.560	1.07.20	4380 »	24534.740	57165.940	76.220	4.01.20	3.19.60	4859.100	64 »	10688 »
5000	96075 »	21016.400	2.68 »	10950 »	61336.850	14291.850	190.550	10.03.00	7.99 »	12147.750	160 »	26720 »
1	19.215	4.203	» » 05	2.190	12.267	28.583	» 038	» » 20	» » 16	2.429	» 03	5.334
2												
3												
4												
5												
10	192.150	42.033	» » 53	21.900	122.673	285.830	» 381	» 02 »	» 01.60	24.295	» 32	53.440
20												
30												
40												
50	960.750	210.164	» 02.68	109.500	613.368	142.0148	1.905	» 10.03	» 07.99	121.477	1 60	267.200
60												
70												
80												
90												

Rapprochez ces renseignements, mes amis, de nos instructions sur les assolements et sur la culture des prairies artificielles et des plantes sarclées, et dites-moi si j'avais tort de vous engager à suivre cette méthode.

Cette nourriture ne se convertit pas seulement en fumier, mais elle profite en outre aux bestiaux, comme nous allons le voir pour les produits qui constituent *la rente* ou la spéculation.

Nous avons dit que parmi les bestiaux de rente les uns fournissent des produits annuels seulement; d'autres, des produits annuels et des produits journaliers. Les vaches, les brebis, les chèvres sont dans cette dernière catégorie; les moutons sont dans la première.

Nous nous occuperons d'abord des vaches, comme étant d'un produit plus important pour l'agriculteur.

Il y a peu de contrées en France où les vaches ne soient les auxiliaires les plus utiles à l'agriculture; mais les différences de température et de nature du sol ont amené de nombreuses variétés dans les races qui se sont considérablement modifiées par les croisements. Je n'entrerai point dans les détails à ce sujet, et je me bornerai à vous indiquer les caractères généraux qui doivent servir de guide dans le choix des vaches : elles doivent avoir la tête courte, le front carré, le chanfrein droit, les cornes fines et placées d'une manière régulière, le cou délié, la poitrine ouverte et vaste, au point que la profondeur du thorax, prise du garot, au-dessous de la poitrine, égale au moins la longueur des membres antérieurs (de devant), qui, par cette disposition, paraissent courts, le fanon pendant, le corps vaste et cylindrique (arrondi), les épaules grosses, le dos, les reins et le cimier sur la même ligne et larges, les membres bien musclés et d'aplomb, le cuir moelleux et souple, la mamelle bien développée, les trayons moyens et régulièrement placés, les veines ou conduits laiteux bien prononcés, les pieds de moyenne grosseur, la corne ferme et luisante.

Avant de chercher quel est le produit d'une vache, voyons quelle est sa consommation par application des principes ci-dessus. Une vache de moyenne taille pèse de 250 à 300 kilogrammes ; prenons ce dernier chiffre, la consommation sera trois fois plus forte que celle indiquée pour un animal du poids de 100 kilogrammes ; conséquemment, la surface du terrain nécessaire à la production des fourrages sera trois fois plus étendue. Cette surface, bien cultivée, sera donc égale à seize ares huit centiares, en supposant deux coupes de fourrages verts, ou à trente-deux ares au plus en ne comptant que sur une coupe pour la nourriture d'été et trente-deux ares vingt-cinq centiares pour la nourriture en racines. Dans cette étendue, je ne comprends pas le pâturage.

Il suit de là, mes amis, qu'avec deux hectares de terrain consacrés à la culture fourragère vous pouvez assurer la nourriture suffisante à quatre vaches au moins. Cette observation est du plus haut intérêt, puisqu'elle vous servira à déterminer le nombre de bestiaux que vous pourrez entretenir sur une ferme. Quel est maintenant le produit d'une vache, non compris le fumier[1] ?

Suivant les remarques les plus exactes, une vache qui consomme par jour l'équivalent de 11 kilogrammes de foin donne, pendant six mois environ, en moyenne 8 litres de lait par jour, ce qui suppose une production de 1460 litres d'un vêlage à l'autre. Ne

1. Voir nos *Problèmes et questions d'agriculture.*

calculez le lait qu'au prix de cinq centimes le litre seulement, vous aurez déjà un revenu de..... 73 fr. » c.

Je ne vous parle pas des divers usages que l'on peut faire du lait et qui en augmentent encore la valeur; chaque vache donne habituellement un veau par année, que l'on ne peut pas estimer moins de..... 10 »

Si nous y ajoutons la valeur du fumier qui n'est pas au-dessous de................ 62 »

Nous avons pour le produit brut d'une vache.................................... 125 fr. » c.

Mais, je vous l'ai dit, le produit brut ne peut donner qu'une appréciation erronée; il faut défalquer les dépenses et les frais de toutes sortes pour avoir le produit net. Or, ces dépenses et frais s'élèvent en moyenne à.. 102 »

Le produit net est donc par vache de.. 23 fr. » c.

Ainsi, comme il vous sera possible d'augmenter le nombre de vos vaches par l'adoption du système de culture que je vous ai enseigné, votre bénéfice s'accroîtra d'autant de fois cette somme que vous ajouterez de vaches à celles qu'il est possible d'entretenir avec l'assolement triennal et les jachères-pâtures.

De la connaissance des vaches laitières suivant le système Guénon modifié.

Vous avez entendu parler, mes amis, de la découverte faite par un pâtre de Libourne nommé Guénon. Elle consiste à reconnaître à certains signes extérieurs les qualités des vaches laitières en ce qui a rapport à la quantité et à la durée dans la production du lait. C'est un fait aujourd'hui reconnu et constaté par l'expérience, que les vaches chez lesquelles ces signes existent à l'état le plus complet doivent être préférées aux autres, parce que, chez elles, les organes destinés à produire le lait sont plus développés et plus parfaits.

Si vous voulez connaître la méthode de Guénon dans tous ses détails, je vous invite à vous procurer l'ouvrage qu'il a publié sous les auspices du gouvernement. Pour vous en donner une idée, je me bornerai à vous l'expliquer brièvement :

La méthode Guénon repose principalement sur la reconnaissance dans les individus des caractères suivants :

1° Abondance d'une poussière ou son jaunâtre qui se détache en grattant avec le doigt certaines parties de la peau et particulièrement les endroits désignés sous le nom de *gravure* ou *écusson*.

2° Étendue et conformation régulière de la gravure ou écusson formé par le poil *remontant* à la face interne des cuisses, se développant sur la mamelle et se dirigeant de bas en haut jusque vers la vulve.

3° Présence et disposition d'*épis* ou *roses* soit sur les mamelles, soit sur la région la plus rapprochée de la vulve.

4° Finesse et abondance du poil aux *écussons* ou *gravures*.

Je ne vous parlerai point de la quantité du lait ni de la durée de la production indiquées par Guénon : les renseignements qu'il a donnés à cet égard ne me paraissent pas assez certains; mais je vous engage, quand vous voudrez choisir des vaches laitières, à prendre celles chez lesquelles vous reconnaîtrez les marques de poil remontant qui se rapprocheront le plus, dans leur conformation, de celles indiquées comme appartenant au premier ordre.

Guénon a fait huit classes auxquelles il a donné des noms correspondant à la forme des écussons ou gravures, ce sont :

1° Les vaches flandrines.

2° Les vaches à lisière.

3° Les vaches courbelines.

4° Les vaches bicornes ou tricornes.

5° Les vaches limousines.

6° Les vaches équerrines.

7° Les vaches poitevines.

8° Les vaches carrésines.

Vous devrez particulièrement porter votre attention sur les faits suivants :

1° Lorsque la forme régulière de l'écusson est modifiée par des parties de poil descendant, à quelque endroit que ce soit, c'est un signe de diminution dans la quantité de lait produite. Vous reconnaîtrez aisément si le poil est descendant ou remontant en promenant le doigt sur l'écusson, de haut en bas : quand le poil se lisse, il est descendant; quand, au contraire, il se rebrousse sous le doigt, il est remontant.

2° Lorsque, à la jonction du poil remontant de l'écusson et du poil descendant dont il est environné, le poil est long, rude ou hérissé, et lorsqu'il existe des épis dont le poil est également plus long et plus rude que dans les autres parties, c'est un signe de diminution dans la durée de la production du lait.

Suivant un autre auteur, M. Collot, il existe un autre écusson de poil se dirigeant des mamelles vers la tête et présentant sous le ventre la forme d'une espèce de tablier. Cet écusson, dont la présence n'a pas été signalée par Guénon, doit accompagner presque toujours celui dont parle ce dernier et suit habituellement ses proportions croissantes ou décroissantes.

Ne pouvant entrer dans de plus grands détails, mes amis, je vous invite de nouveau à vous reporter aux ouvrages de MM. Guénon et Collot, si vous éprouvez le besoin d'acquérir sur cette importante matière des connaissances plus complètes.

Quant aux autres espèces d'animaux de rente, vous aurez à faire les mêmes calculs en comparant toujours le *prix de revient* des produits avec la valeur de ces produits. Pour les brebis, vous avez la laine et les agneaux, quelquefois le lait; pour les truies, vous avez les petits; pour les juments poulinières, les poulains. Chacune de ces espèces demanderait des détails particuliers que le temps ne me permet pas de vous donner; mais votre intelligence y suppléera, connaissant les principes généraux.

Animaux de spéculation.

Je nomme spécialement *bestiaux de spéculation* ceux qui, sans donner un produit annuel ou journalier, augmentent de valeur proportionnellement à la nourriture qu'on leur donne. Nous avons vu que les animaux de rente font partie du *capital fixe*, parce que leur produit s'obtient sans que les animaux eux-mêmes sortent des mains de leur possesseur.

Il n'en est pas de même des animaux de spéculation dont le profit réalisable ne peut être obtenu que par le changement de maître ou de forme. Aussi les avons-nous placés comme faisant partie du *capital circulant*.

Ce sont les élèves, les animaux de boucherie, et ceux dont on ne tire parti qu'après leur mort.

Les calculs auxquels nous nous sommes livrés tout à

l'heure pour les animaux de rente s'appliquent également aux animaux de spéculation ; je n'y reviendrai pas. Ce sera à vous, mes amis, à examiner dans quelle proportion vous pourrez avoir sur vos fermes soit des animaux de rente, soit des animaux de spéculation. Ne perdez pas de vue que, pour ces derniers surtout, il faut apporter une attention toute particulière aux circonstances locales dont on est environné. La spéculation est une opération toute commerciale dont l'étude doit s'unir à celle des opérations purement agricoles.

Animaux de basse-cour.

Il y a une quatrième classe d'animaux qui jouent un rôle assez important dans les exploitations rurales; on leur donne le nom d'*animaux de basse-cour*. Cette classe comprend, parmi les quadrupèdes, les porcs et les lapins ; parmi les volatiles, les poules, les canards, les dindons, les oies, les pigeons.

L'utilité des porcs ne saurait être révoquée en doute; leur chair est presque la seule qui entre dans la consommation habituelle des habitants de la campagne; salée avec soin, elle se conserve longtemps.

Le porc est un animal ordinairement peu difficile à nourrir, et s'engraissant très-promptement. Il importe cependant de faire choix des meilleures espèces dans cette race que l'on désigne sous le titre de *race porcine*, et quelquefois de *race verrine*, du nom du mâle ou *verrat*. Parmi les espèces les plus recherchées, on cite particulièrement celles de Craon, dans le département de la Mayenne. Des croisements heureux faits avec des verrats anglais et des truies craonnaises ont, sur plusieurs points de la France, fourni des animaux remarquables par leur aptitude à s'engraisser, et par le poids qu'ils ont atteint. J'en ai vu qui, à l'instant d'être abattus, pesaient de 250 à 300 kilogrammes. Le poids le plus ordinaire est d'environ 150 kilogrammes. L'élevage des porcs est surtout avantageux dans le voisinage des forêts où ils se nourrissent de gland, de faîne, de châtaignes; mais, quand on veut les engraisser, il faut les tenir renfermés dans la porcherie et les nourrir avec des pommes de terre, des betteraves, des choux, des herbages, en ayant la précaution de les faire cuire. Le lait, après en avoir extrait le beurre, la farine d'orge ou de fèves, le son de froment, de seigle ou de blé noir, contribuent à hâter l'engraissement.

Le fumier de porc est plus froid que celui des autres animaux, mais il a une propriété que je recommande à toute votre attention, et dont je vous parlerai plus tard, celle de détruire le *blanc* ou *puceron lanigère* qui ravage les pommiers.

Le porc est sujet à deux maladies principales que l'on guérit très-difficilement, ce sont : *la ladrerie* et *le sang de rate*. On reconnaît la première à des pustules qui se trouvent placées sous la langue. La chair de porc atteint de ladrerie est exposee à se gâter malgré tous les soins que l'on peut prendre pour la conserver ; on croit même qu'elle n'est pas saine ; cependant aucun fait grave n'a jusqu'ici confirmé cette opinion.

Le sang de rate, que l'on nomme aussi *coup de sang* ou *chaleur*, est une maladie commune aux porcs et aux moutons ; les animaux qui en sont atteints tombent subitement comme s'ils étaient frappés d'apoplexie, en rendant par la bouche et les narines un sang noir et épais, le plus ordinairement altéré. Un régime alimentaire trop substantiel, joint à une chaleur trop élevée, prédispose les porcs à cette maladie.

Je n'ai pas besoin de vous dire quels avantages on peut retirer des autres animaux de basse-cour, surtout dans quelques circonstances résultant de la position des exploitations : ainsi, dans le voisinage des villes, les poules et les canards peuvent être l'objet d'une spéculation importante ; il en est de même des dindons, des oies et des pigeons. Mais rappelez-vous qu'un bon cultivateur doit toujours chercher les moyens d'obtenir le *produit net* le plus élevé possible. Il arrive quelquefois que le produit net disparaît par suite du préjudice causé aux récoltes par une trop grande abondance d'animaux de basse-cour, ou des frais que nécessite leur alimentation.

Dans le prochain entretien, nous parlerons des maladies qui affectent le plus fréquemment les bestiaux et de quelques autres sujets qui vous intéresseront.

QUINZIÈME ET DERNIER ENTRETIEN.

Mesures agraires. — Premiers remèdes à donner aux bestiaux en cas de maladie. — Plantations.

François, Baptiste et Auguste avaient devancé tous leurs camarades dans la salle où Jérôme donnait ses leçons. Placés près du tableau, un morceau de blanc à la main, ils discutaient avec vivacité : « Ton calcul est faux, disait François à Baptiste, ta terre ne s'est pas tant épuisée que cela pendant les neuf années qu'a duré ton assolement triennal. — Écoute-moi donc, répondait Baptiste, je vais te prouver que ma terre a perdu 75 degrés de sa puissance et de sa richesse sur 118 qu'elle avait la première année : la moyenne de la fertilité et de la richesse de ma terre a été pendant les neuf années, en les additionnant et en prenant le neuvième, de 68 degrés 83 centièmes ; la consommation moyenne de cette richesse et des principes fertilisants a été de 25 degrés 74 centièmes ; il ne m'est donc resté que 43 degrés 9 centièmes, et comme j'avais 118 degrés en commençant, il est clair que ma terre a perdu environ 75 degrés. Demande à maître Jérôme si cela n'est pas vrai. — Pour moi, dit Auguste, comme je ne suis pas si savant que toi, je ne comprends rien à ta fertilité et à ta richesse, j'ai toujours cru que c'était la même chose ; mais ce que je sais bien, c'est que sur la ferme de mon père, qui a une étendue de seize hectares, nous avons quatorze têtes de bétail qui pèsent ensemble 3583 kilogrammes 530 grammes ; nous les nourrissons comme l'a dit Jérôme, ce qui nous donne justement l'engrais nécessaire pour l'entretenir en bon état. »

Jérôme entra en ce moment; il avait entendu la conversation, et prit aussitôt la parole pour expliquer ce qu'avait avancé Baptiste : *La fertilité*, leur dit-il, est une conséquence de la nature même du sol. Ne vous ai-je pas dit que le meilleur terrain, c'est-à-dire le plus *fertile*, était celui qui se trouvait composé d'argile, de sable et de chaux? S'il n'était formé que de l'une de ces trois espèces, il serait *infertile*. La *fécondité* du sol, ou la *richesse*, tient à la présence des engrais et à cette partie que j'ai nommée *humus*. La fertilité diminue en raison de l'*effritement*, tandis que c'est l'*épuisement* qui agit sur la fécondité. La terre en bon état de culture contient, comme l'a dit Baptiste, environ 100 degrés de puissance ou de fertilité, et comme à son premier ensemencement en froment il a donné à sa terre 18 000 kilogrammes de fumier qui donnent 18 degrés de richesse, c'est-à-dire environ un degré par 1000 kilogrammes, sa terre avait bien 118 degrés. L'effritement et l'épuisement occasionnés par l'assolement triennal ont bien réellement réduit à 43 degrés la puissance et la richesse de son terrain au bout de neuf ans.

Il n'en sera pas ainsi avec l'assolement alterne, qui maintient toujours au même niveau la puissance du solou, si vous voulez, sa fertilité.

Quant à notre ami Auguste, je vois avec plaisir qu'il a bien compris ce que je vous ai dit sur les bestiaux comme producteurs d'engrais; comparez, en effet, les 3583 kilogrammes 530 grammes de bestiaux aux 100 kilogrammes sur lesquels j'ai fait les calculs de la précédente séance, vous aurez par jour 442 kilogrammes 334 grammes de fumier, et pour les 273 jours

93 458 kilogrammes qui, répartis sur ses douze hectares de terre labourable, donnent une moyenne de 7788 kilogrammes de fumier par hectare.

Mesures agraires[1].

Maintenant, mes amis, je crois nécessaire de vous donner quelques explications sur la conversion des anciennes mesures en nouvelles, car je crains que vous ne fassiez quelques méprises si vous ne connaissez pas bien les rapports existant entre les mesures locales et celles qui sont aujourd'hui, grâce à Dieu, adoptées uniformément.

Les dénominations anciennes les plus connues sont :

La gaule de.	10	pieds	carrés.
La perche de.	22	*id.*	*id.*
La corde de.	24	*id.*	*id.*
La boisselée de.	12	cordes	*id.*
Le sillon de.	4	*id.*	*id.*
Le journal de.	80	*id.*	*id.*
L'arpent de.	100	perches	*id.*
Le journal de.	100	cordes	*id.*
Le jour de terre de.	120	*id.*	*id.*

Aujourd'hui on a substitué à ces dénominations, qui indiquaient, selon les usages de diverses provinces, des contenances très-variées, les dénominations suivantes, qui désignent des contenances uniformes pour toute la France :

Centiare ou centième partie de l'*are* (mètre carré).

Hectare ou *arpent* (100 mètres carrés).

Are ou centième partie de l'*hectare* (10 mètres carrés).

1. Voir nos *Problèmes et questions d'agriculture.*

L'*are* est égal en longueur à 30 pieds 9 pouces 3 lignes de l'ancienne mesure, ou 10 mètres, et se trouve, par conséquent, plus fort que la *corde* de 6 pieds 9 pouces 3 lignes. On le nomme encore *décamètre carré*. L'*are* est l'unité des mesures agraires, dont les centiares sont les fractions.

L'*hectare*, ou cent *ares*, est d'une contenance équivalente à un peu plus de deux journaux de 80 cordes, ou un journal et demi de 120 cordes.

Il est très-important, mes amis, que vous vous familiarisiez avec ces nouveaux termes, les seuls admis dans tous les actes publics.

Pour vous rendre cela plus facile, je vais vous écrire, en regard de la contenance des anciennes dénominations principales, ce qu'elles valent, réduites d'après le nouveau système. Vous pourrez alors vous rendre aisément compte des autres contenances :

Perches de 22 p.	Ares.	Centiares.	Cordes de 24 p.	Ares.	Centiares.
1	»	50,7	1	»	60,77
2	1	11,4	2	1	21
3	1	53	3	1	82
4	2	4	4	2	43
5	2	55	5	3	3
6	3	6	6	3	64
7	3	57	7	4	25
8	4	9	8	4	86
9	4	60	9	5	47
10	5	11	10	6	7

Sillons.	Ares.	Centiares.	Sillons.	Ares.	Centiares.
1	2	43	6	14	58
2	4	86	7	17	1
3	7	28	8	19	44
4	9	71	9	21	87
5	12	15	10	24	31

Journal de 80 cordes.	Hectares.	Ares.	Centiares.
—	—	—	—
1	»	48	62
2	»	97	24
3	1	37	87
4	1	94	49
5	2	43	11
6	2	91	74
7	3	40	36
8	3	88	99
9	4	37	61
10	4	86	23
Journal ou arpent de 100 perches.			
1	»	51	07
2	1	2	14
3	1	53	21
4	2	4	28
5	2	55	35
10	5	10	70
Journal de 100 cordes[1].			
1	»	60	77
2	1	21	54
3	1	82	31
4	2	43	8
5	3	3	85
10	6	7	70
Journal de 120 cordes.			
1	»	72	93
2	1	45	87
3	2	18	80
4	2	91	74
5	3	65	67
10	7	29	34

1. Dans quelques localités, il y a encore le journal de 50 cordes, dont les nombres correspondants seront représentés par la moitié de ceux de ce paragraphe.

Par rapport aux mesures de capacité et de pesanteur, je me bornerai, mes amis, à vous expliquer brièvement les dénominations nouvelles que vous avez le plus besoin de connaître.

Chaque pays, je dirais presque chaque canton, avait sa mesure particulière, à laquelle il donnait un nom différent. Ainsi, par exemple, on nomme *boisseau* dans une contrée ce qui porte ailleurs le nom de *canot*, de *demeau*, de *quart*, etc. Toutes ces différences disparaissent devant les noms de *décalitre* (10 litres) et *double décalitre* (20 litres), qui désignent la mesure légale dont on se sert dans les marchés pour le grain; d'*hectolitre*, ou mesure de *cent litres*, pour d'autres denrées[1].

De même, pour les mesures de pesanteur, aux noms de *livres*, *onces*, *gros* on a substitué les mots de kilogramme, hectogramme, décagramme, etc. Le *kilogramme* représente à peu près deux *livres* anciennes; l'*hectogramme* environ trois *onces*, le *décagramme*, deux *gros*; le *gramme*, ou millième partie du *kilogramme*, est l'unité des mesures de pesanteur.

Je ne vous parlerai pas des mesures de longueur, telles que le *myriamètre*; expression qui désigne la distance de deux lieues et demie nouvelles ou 10 000 mètres; le *kilomètre*, celle d'un quart de lieue ou 1000 mètres. Le *mètre* est l'unité des mesures de longueur.

Je pense, mes amis, que vous comprenez suffisamment désormais ces termes nouveaux, auxquels vous vous habituerez peu à peu. Du reste, je vous en-

1. 5 *doubles décalitres* font 1 *hectolitre*, 8 doubles décalitres font une *somme* ordinaire de blé. Le *litre* est l'unité de mesure de capacité.

gage à vous reporter aux exercices que je vous ai donnés[1].

Premiers remèdes à donner aux bestiaux en cas de maladie.

Je vous ai promis quelques renseignements sur les maladies auxquelles les cultivateurs peuvent eux-mêmes porter les premiers remèdes en attendant l'artiste vétérinaire ; les voici :

Les maladies qui affectent le plus ordinairement les bestiaux, et surtout les vaches, sont occasionnées, soit par l'excès de nourriture, soit par la présence des vers, soit par l'humidité des herbages. La trop grande quantité de nourriture donne lieu à des indigestions ou à la suffocation par abondance de sang.

Ce qu'il y a de mieux à faire dans ce cas, c'est de retrancher la nourriture, soit en totalité, soit en partie seulement, jusqu'à ce que l'animal malade se trouve mieux.

Une saignée fait beaucoup de bien et même est indispensable quand il y a suffocation; mais quand la maladie provient d'une indigestion, il peut être très-dangereux d'employer ce moyen. Pour en éviter les inconvénients, ayez toujours le soin de faire promener vos bestiaux et de les forcer de se vider avant de les saigner.

Les vers dans les animaux produisent quelquefois des effets extraordinaires : tantot le dégoût, la tristesse, la cessation de l'appétit; tantôt, au contraire, un appétit dévorant, des convulsions, des vertiges, des assoupissements, et presque toujours le dépérissement.

1. *Problèmes et questions d'agriculture.*

Aussitôt que vous reconnaîtrez la présence des vers, donnez des lavements d'eau dans laquelle vous aurez fait bouillir une forte dose d'herbes aromatiques et amères, telles que l'absinthe, la sauge, la fougère; mêlez-en à la boisson; faites avaler à la vache malade un demi-verre d'huile ordinaire, ou mieux encore deux cuillerées d'huile d'amandes douces ou d'huile de ricin; des fumigations d'absinthe réussissent encore très-bien.

Enfin, si la maladie vient d'avoir mangé des fourrages verts mouillés d'eau de pluie ou de rosée, ce qui cause l'enflure ou *météorisation*, maladie toujours dangereuse, il faut employer des moyens prompts et énergiques ayant pour objet de faire évacuer l'air enfermé dans le côté gauche de la panse, et qui, n'ayant pas d'issue, occasionne ce gonflement considérable. On a indiqué bien des remèdes pour cette maladie : les uns conseillent de faire avaler à l'animal *météorisé* 8 grammes (2 gros) de poudre à canon dans une écuellée d'huile; les autres, de l'*ammoniaque* liquide ou *alcali volatil fluor*, à la dose de 15 grammes (4 gros ou deux cuillerées) dans un litre d'eau froide, ou 8 grammes dans un demi-litre d'eau de lessive également froide. Ce remède est reconnu pour le meilleur.

Des expériences faites récemment par ce cultivateur distingué, que je vous ai déjà cité plusieurs fois[1], ont démontré qu'un des remèdes les plus efficaces et en même temps les plus simples est le suivant : On mêle ensemble 61 grammes (2 onces) de *chlorure de chaux*, un demi-litre d'eau et un demi-litre d'huile, et on fait avaler le tout, froid, à l'animal malade. Le chlorure de chaux est une substance d'un prix peu

1. M. La Maignière.

élevé, et qui se conserve longtemps dans un vase bien fermé.

On emploie encore l'eau de javelle, à la dose d'une cuillerée dans un litre d'eau froide ; mais il arrive souvent que l'animal est mort avant que l'on puisse avoir recours à ces procédés. Tout en vous engageant à vous en servir, quand vous le pourrez, il y en a un qui réussit assez ordinairement, c'est de forcer l'animal à courir dès qu'on s'aperçoit que l'enflure se manifeste; ou, si l'on est à proximité de l'eau, de le baigner de manière à cacher presque entièrement le corps, ou bien de le faire tenir dans une position où il ait les pieds de derrière beaucoup plus élevés que ceux de devant. Lorsque ces moyens *mécaniques* ne réussissent pas, joints à l'emploi des remèdes que je viens de vous indiquer, appelez un vétérinaire adroit, qui, en pratiquant une ouverture au côté, donnera une sortie à l'air.

Ne conduisez jamais les vaches dans les pâturages de trèfle ou de luzerne pendant la pluie ou la rosée. Avec cette précaution, il arrivera très-rarement que vos bestiaux soient atteints de cette maladie.

Si vos bestiaux sont atteints d'une toux occasionnée par une irritation de la poitrine, faites bouillir un demi-litre d'orge dans deux litres d'eau, ajoutez-y un demi-kilogramme de miel, et, après avoir laissé reposer, faites avaler cette tisane, à un degré de chaleur raisonnable. En même temps, couvrez-les avec une couverture de laine et placez sous le ventre l'orge que vous avez fait bouillir.

Éloignez vos bestiaux des abreuvoirs dans lesquels l'eau croupit et se corrompt, surtout de ceux près desquels croissent les frênes, souvent couverts de mouches cantharides. Ces eaux sont la cause de fréquents accidents.

Il y a des maladies de peau qui deviennent fort graves et quelquefois incurables, quand elles sont mal soignées; parmi les procédés que vous pouvez employer, je recommande les suivants à votre attention :

1° L'usage de l'eau de goudron pour les démangeaisons simples.

2° Pour les dartres et la gale, M. Lafosse, auteur du *Guide du maréchal*, indique de se servir d'une composition ainsi faite :

Poudre à tirer . .	366	grammes	(12 onces).
Tabac.	122	id.	(4 id.).
Poivre	30	id.	(1 id.).
Sel ammoniac . .	30	id.	(1 id.).
Sel de cuisine . .	500	id.	(1 livre).
Vitriol	122	id.	(4 onces).

On laisse infuser le tout pendant deux jours dans trois litres d'eau-de-vie, puis on frotte l'animal malade pendant trois jours, une fois par jour. Ce remède est applicable aux chevaux comme aux vaches, taureaux et bœufs. Il ne faut pas négliger en même temps quelques légères purgations.

Avant de terminer nos veillées, je vais vous donner quelques indications sur les plantations; je me bornerai à certains préceptes généraux qui pourront vous être utiles.

Plantations.

L'art des plantations est une branche importante de l'industrie agricole. Il consiste : 1° à connaître quels arbres prospéreront le mieux dans telle ou telle qualité de terre, et à utiliser par ce moyen les terrains incultes; 2° à savoir profiter des circonstances les plus favorables pour assurer la reprise des arbres plantés.

Parmi les arbres, les uns sont cultivés pour leurs

fruits, les autres pour l'utilité qu'on retire de leur bois ; d'autres sont destinés à l'agrément.

Pour bien planter, il ne suffit pas de faire une fosse, d'y jeter un arbre et de recouvrir ses racines ; il faut préparer la fosse convenablement, choisir son sujet, employer les engrais propres, saisir le moment où la température est favorable, et faire attention à l'époque du développement de la séve, toutes conditions nécessaires à la réussite.

Je dis d'abord qu'il faut préparer une fosse convenablement. La fosse doit avoir une largeur et une profondeur qui varient selon le sol dans lequel on veut planter. En règle générale, il convient de faire la fosse plus profonde que moins, sauf à la combler en partie au moment de la plantation. Plus la terre est ameublie au pied de l'arbre, plus les racines et l'air la pénètrent facilement. Si le sol est argileux et mouillé, si la couche de terre végétale est mince, plantez presque à la surface, en ayant soin de bien assujettir votre arbre au moyen d'une petite élévation de terre ou de gazon que vous pratiquez au-dessus du sol.

Votre fosse doit être de largeur suffisante pour pouvoir allonger les racines à toute leur longueur, sans les contourner.

Votre arbre mis en place, prenez la précaution de ne laisser aucun vide entre les racines, choisissez la terre la plus mûre et la mieux ameublie ; voilà les premiers soins.

Le choix du sujet est également d'une grande importance : choisissez celui dont les racines sont le plus garnies de *chevelu ;* chacun de ces petits filaments est une sorte de pompe qui aspire le suc de la terre et nourrit la séve. Que votre arbre soit de belle venue, jeune et en diminuant de grosseur depuis le bas jusqu'au haut. Ceux dont le pied offre le même diamètre dans une grande partie de leur hauteur doivent être rejetés par le planteur intelligent. Que l'écorce soit fine, et surtout que l'on n'y remarque pas de *mousse* ou de *lichen*, plantes parasites, qui sont un signe certain de mauvaise qualité dans les jeunes arbres.

Pour une plantation un peu considérable, il est difficile d'avoir des engrais en quantité suffisante. Les meilleurs sont le *tan* bien consommé, les *terreaux* bien mûrs, et surtout les feuilles pourries et réduites à l'état de terreau. A défaut de ces engrais, prenez, comme je vous l'ai dit plus haut, la terre végétale la meilleure; c'est ordinairement celle qui se trouve à la surface du sol; mais gardez-vous de mettre sur vos racines des gazons entiers; jetez-les plutôt dans le fond de la fosse en les divisant avec la bêche.

Saisissez le moment où la température est favorable; le temps des glaces et celui des grandes pluies ne sont pas ceux qui conviennent pour les plantations. Un temps couvert et doux est celui que vous devez préférer; ne craignez pas les brouillards, ils ne nuisent jamais. Pour certains arbres, les résineux surtout, tels que les sapins, les pins, le vent est très-dangereux; aussi ne les plantez jamais par le *hâle*, et attendez un temps humide.

Plantez beaucoup; plantez surtout vos terres incultes, celles qui ne paraissent pas propres à la culture des céréales. En les utilisant ainsi, vous préparerez des éléments de fortune pour vos enfants. Souvenez-vous qu'il n'est pas un arbre planté par vous, pourvu qu'il soit favorisé par la nature, qui ne gagne dans l'espace de trente à soixante ans, selon l'espèce, une valeur quelquefois centuple de celle qu'il avait en le mettant à sa place.

Pour vous rendre ces préceptes plus profitables, j'ajouterai un petit aperçu du sol qui convient le mieux aux espèces les plus cultivées en France :

Plantez le *châtaignier* dans les terres légères et sèches, celles que nous avons nommées *valaines;* évitez les terres calcaires (voy. la note à la page 64);

Le *chêne* dans les terres fortes et profondes, sans être trop mouillées. Le chêne doit être planté en lui donnant le même orientement qu'il avait dans le semis ou la pépinière. On lui fait alors une légère marque sur l'écorce du côté du nord avant de l'enlever;

L'*ormeau* dans les terrains sablonneux et riches;

Le *peuplier*, le *saule*, l'*aune*, sur le bord des eaux et particulièrement des ruisseaux; les eaux stagnantes leur conviennent moins, surtout aux peupliers. Cette dernière espèce réussit très-bien de *bouture*, quelle qu'en soit la grosseur.

Plantez les *arbres verts* dans les landes et sur les coteaux, dans tous les terrains où vous ne pourriez pas mettre autre chose à cause du peu d'épaisseur du sol; mais ils craignent l'humidité. Faites donc dans les landes mouillées de profondes saignées pour égoutter l'eau, et alors vos arbres verts y réussiront à merveille. Parmi ceux-ci il en est qui doivent être semés à place et non plantés; de ce nombre sont le *sapin commun* (abies nigra), le pin maritime ou pin de Bordeaux. Vous pourrez cependant les transplanter; mais fort jeunes, en les levant avec la *motte* et sans dégarnir les racines.

Je ne vous ai point encore parlé du *pommier* et du *poirier;* je les réservais pour la fin, parce que j'avais à vous dire quelque chose de particulier sur le premier.

Le poirier préfère les terres légères et humides; le pommier les terres fortes et profondes. L'un et l'autre demandent de fréquents labours. On les greffe dans le courant d'avril de la troisième année après la plantation. Quelques cultivateurs les greffent en les plantant; je ne saurais approuver cette méthode, qui nuit souvent au développement de l'arbre, et le retarde au lieu de l'avancer. Ne greffez jamais le pommier ou le poirier (je ne parle pas des arbres de jardin) avant qu'ils aient atteint la grosseur du poignet au moins (15 centimètres) à la partie la plus voisine des branches.

En vous parlant du *pommier*, je ne dois pas oublier, mes amis, de vous indiquer un procédé qui m'a presque toujours réussi pour la destruction d'un insecte qui fait le désespoir des planteurs, vous voyez que je veux parler du *puceron lanigère*, vulgairement nommé le *blanc*. Des pépinières entières en ont été la proie, et ses ravages s'étendent tous les jours. On a tenté mille moyens pour détruire le *puceron lanigère*, et cela sans succès constant. Voici le mien et je vous conseille de l'employer (voy. page 249).

Il consiste à déposer au pied des pommiers du *fumier de porc*, en l'arrosant fortement, puis à frotter les pieds et les branches sur lesquels vous remarquerez la présence de cet insecte avec une brosse ou une éponge bien imbibée d'urine de ces mêmes animaux. L'urine de porc a la propriété de les faire périr ou au moins de les faire disparaître. Avant peu d'années, et après quelques essais tentés sur différents points de notre territoire, nous aurons, je l'espère, acquis la certitude de pouvoir débarrasser entièrement nos pommiers de ce terrible ennemi, par l'usage de ce remède bien simple et à la portée de tout le monde.

Voilà ce que j'avais à vous dire relativement aux plantations. Nos veillées sont terminées à mon regret, mes bons amis; mais nous nous reverrons. En attendant, mettez en pratique les leçons que je vous ai données; renoncez à la routine! La routine!... Mais elle est le plus dangereux ennemi de vos intérêts! Elle vous fait plus de tort que les inondations et la grêle : on répare en peu d'années les pertes que ces fléaux ont fait éprouver, on ne répare jamais celles causées par la routine, à moins de l'abandonner pour suivre un meilleur système. Hâtez-vous donc, mes amis; continuez de donner le bon exemple pour les progrès de l'agriculture, comme vous l'avez fait jusqu'ici par votre bonne conduite. Que l'on vous cite partout comme des modèles de vertu en tous genres : ce sera le moyen de me témoigner votre reconnaissance, si vous croyez m'en devoir quelque peu, de rendre service à votre pays, à vous-mêmes, et d'obtenir l'estime de tous les honnêtes gens.

FIN.

TABLE DES MATIÈRES.

FIN DE LA TABLE.

Typographie Lahure, rue de Fleurus, 9, à Paris.

EXTRAIT DU CATALOGUE

DE LA LIBRAIRIE HACHETTE ET Cie

ALTEMONT (Louis d') : *Choix de poésies* propres à être apprises par cœur dans les écoles primaires, extraites de divers auteurs et accompagnées de notes explicatives. 1 vol. in-18. Prix, cart. 75 c.

BARRAU : *Livre de morale pratique*, ou choix de préceptes et de beaux exemples. 1 vol. in-12 de près de 500 pages. Prix, cartonné. 1 fr. 50 c.

Ouvrage autorisé par le Conseil de l'instruction publique et approuvé par NN. SS. l'archevêque de Paris et les évêques de Versailles et de Pamiers.

— *La Patrie*, histoire et description de la France, livre de lecture à l'usage des écoles primaires. Nouvelle édition avec gravures. 1 vol. in-12, cart. 1 fr. 50 c.

Ouvrage dont l'introduction dans les écoles est autorisée par le Ministre de l'instruction publique.

DELAPALME : *Premier livre de l'enfance*, ou exercices de lecture et leçons de morale; à l'usage des très jeunes enfants. 1 vol. in-18, *imprimé en très gros caractères*, cartonné. 60 c.

Autorisé par le Conseil de l'instruction publique.

— *Premier livre de l'adolescence*, ou exercices de lectures et leçons de morale. Nouvelle édition. 1 vol. in-18, *imprimé en caractères gradués*. Prix, cartonné. 60 c

Autorisé par le Conseil de l'instruction publique.

DU BOS D'HELBHECQ (Mme). *Le père Fargeau*, ou la famille du peigneur de chanvre, précédé d'une préface par M. l'abbé Faudet, curé de Saint-Roch, à Paris. 1 vol. in-12, cart. 1 fr. 25 c.

Ouvrage approuvé et recommandé par un grand nombre de prélats.

FIGUIER (L.). *Les grandes inventions scientifiques et industrielles chez les anciens et les modernes*. Ouvrage destiné à servir de livre de lecture dans les écoles primaires et dans les classes d'adultes. 2e édition. 1 volume in-12, avec de nombreuses figures dans le texte, cartonné. 1 fr. 50 c.

GARRIGUES et **BOUTET DE MONVEL**. *Simples lectures sur les sciences, les arts et l'industrie*. Édition entièrement refondue par M. Boutet de Monvel. 1 fort volume in-12, avec gravures, cartonné. 1 fr. 80 c.

WALLON, membre de l'Institut, *Vie de N. S. Jésus-Christ* selon les quatre Évangélistes. Livre de lecture courante à l'usage des écoles primaires. 1 vol. in-12, cart. 1 fr.

Ouvrage approuvé ou recommandé par un grand nombre de prélats.

---

23 460. — Typographie A. Lahure, rue de Fleurus, 9, à Paris.

www.ingramcontent.com/pod-product-compliance
Ingram Content Group UK Ltd.
Pitfield, Milton Keynes, MK11 3LW, UK
UKHW021855190726
13855UKWH00001B/332